心理学与成就感

蔡万刚 编著

中国纺织出版社有限公司

内 容 提 要

成就感是一个心理学名词，美国心理学家马斯洛认为，成就感是人们自我实现的必备条件，我们都渴望实现自我价值，了解成就感的心理机制，对我们的心理调节、自我进步以及实现人生梦想有积极的指导作用。

本书就是围绕成就感这一心理名词展开，以平实朴素的语言带领我们了解什么是成就感，如何获得成就感，并指导我们如何以获得成就感为目标指引我们的工作、学习、生活和实现人生理想。相信阅读本书后，我们能在提升自我，如何实现自我价值上有更深层次的认知。

图书在版编目（CIP）数据

心理学与成就感 / 蔡万刚编著. -- 北京：中国纺织出版社有限公司，2024.7
ISBN 978-7-5229-1708-5

Ⅰ. ①心… Ⅱ. ①蔡… Ⅲ. ①心理学 Ⅳ. ①B84

中国国家版本馆CIP数据核字（2024）第080002号

责任编辑：李 杨　　　　责任校对：王蕙莹
责任印制：储志伟　　　　责任设计：晏子茹

中国纺织出版社有限公司出版发行
地址：北京市朝阳区百子湾东里A407号楼　邮政编码：100124
销售电话：010—67004422　传真：010—87155801
http://www.c-textilep.com
中国纺织出版社天猫旗舰店
官方微博 http://weibo.com/2119887771
天津千鹤文化传播有限公司印刷　各地新华书店经销
2024年7月第1版第1次印刷
开本：880×1230　1/32　印张：6.25
字数：100千字　定价：49.80元

凡购本书，如有缺页、倒页、脱页，由本社图书营销中心调换

前言
PREFACE

生活中的人们，不知你是否有这样的体验：当你经过一段时间的努力学习，成绩从70分提高到90分时，你是不是倍感自豪？当你战胜拖延、准时将工作报告提交到领导邮箱时，你不是想告诉自己"我真棒"？你走在路上，看到一只受伤的小狗，你及时将它送到了宠物诊所并让小狗及时得到了救治，当周围的人投来赞扬的目光，你的内心是不是倍感骄傲？……这种体验是什么？是成就感。什么是成就感？成就感是一个心理学名词，指的是愿望与现实达到平衡产生的一种心理感受，通俗点指的是一个人做完一件事情或者做一件事情时，为自己所做的事情感到愉快或成功的感觉。

关于成就感，美国著名心理学家马斯洛在1943年提出"需求层次理论"，他认为，成就感是人类对于自我价值实现的要求。所谓自我实现需求，是人类最高层次的需求，比如自我实现和发挥潜能等，一个人缺乏成就感，就会感到内心空虚，不被需要，认为自己毫无价值；相反，成就感充足的人则认为自己有使命感、责任感，认为自己没有白活，是被需要的等。

可见，成就感是我们自己内心的感受，我们无法依赖于他

心理学与成就感

人获得这种感受和体验,那么如何获得成就感呢?

香港岭南大学教授许子东老师在一期《圆桌派》中提出: 成就感=能力/理想。即当你的能力与理想相匹配,或者能力高于理想时,成就感就会产生,相反,就有挫败感。可见,要获得成就感,我们就要挖掘自身不足并积极改变、找到自己的奋斗目标并努力前行、热爱并享受生活、追求真善美并努力践行,以此为奋斗方向,我们终究会获得身心的彻底蜕变,也能收获事业和人生的成功。另外,反过来,对于成就感的追求,也是我们自身不断提升和蜕变的过程,那么,我们该如何以成就感为引导来提升自我呢?

以上这些问题就是本书要解决的全部问题,本书从"成就感"这一基础心理学概念出发,带领我们了解什么是成就感、成就感的来源,以及给出具体的如何获得成就感的方法,语言通俗、易于理解,相信你在阅读本书后,能对成就感有更深层次的理解,也能找到人生方向、获得自我价值的真正实现。

编著者

2024年1月

目 录
CONTENTS

第 01 章 了解人性需求理论，成就感是人类完成自我实现的需要　001

成就感与马斯洛的人性需求理论　003

高尚的精神是人类的最终追求　008

你的成就感从何而来　011

你为什么对工作毫无热情　015

如何获得人生的自我实现　019

第 02 章 成就感这种心理体验，来源于你对自我能力的证明　023

最有成就感的，莫过于做自己热爱的事情　025

尽早树立梦想，为自己指明方向　030

当才华撑不起你的雄心时，
　唯有努力才会获得成就感　034

行动在前，成就在后　038

忙却找不到成就感？因为你做了太多无效努力　042

你的成就来自与自己比较，而不是他人　046

靠自己的努力，去证明自己的能力　050

| 第 03 章 | 成就感的"内核",是活成自己想要的样子 | 055 |

你想要的人生,要从破除当下的安逸开始　057
当你足够努力,才能过上想要的生活　062
付出爱心,你会获得成就感　066
我们任何人都要学会和自己好好相处　069
别一味地活在他人的眼光里　073

| 第 04 章 | 成就感是变量不是定量,需要你不断进行自我挑战 | 077 |

改变自己,不断接受新事物　079
想要进步,先要认识到自己的无知　082
有所担当,从突破中寻找工作的成就感　086
即使身负重压,也要不断进步　090
每天进步一点点,成就感多一点　094
敢于直面挑战,你的人生早晚风生水起　098
直面竞争,体验赢的成就感　102

| 第 05 章 | 有趣的灵魂,能在自己的世界里成就自我 | 107 |

做自己喜欢的事,人生才会鲜活有趣　109
经常开开玩笑,谁都喜欢有趣的人　113
撕掉虚伪的面具,保持率真的心态　117

按照你自己的方式生活，你就会有成就感　121

自由的灵魂首先来自精神独立　126

善良为人，永远用纯真的眼睛看世界　129

第06章 从自卑到自信，是获得和强化心理成就感的过程　133

自卑，是阻挡你前行和获得成就的力量　135

如何运用心理学方法克服内心自卑　139

始终记住，你不是弱者　143

唤醒自己，撕掉他人给你贴的负面"标签"　147

正视自己的不足，才能不断完善自己　152

无论处于什么样的境地，我们都不要看轻自己　156

尽力足矣，苛责自己无法体验成就感　160

第07章 唯有不断剥落自身弱点，才能感受蜕变的喜悦　165

战胜自己，就战胜了全世界　167

如何锻炼自己的意志力　171

目空一切者，失去了成长的空间　175

立即行动，决不能拖延到明天　179

如何锻造果断的行事作风　183

自我约束，克服冲动与懈怠　188

参考文献　191

第01章

了解人性需求理论，成就感是人类完成自我实现的需要

美国心理学家马斯洛认为，人都潜藏着七种不同层次的需要，这些需要分别是生理需要、安全需要、社交需要、尊重需要、认知需要、审美需要和自我实现的需要。这些需要在不同的时期表现出来的迫切程度是不同的。马斯洛指出，已经满足的需要，不再是激励因素。在以上的七种需要中，成就感属于自我实现的需要的范畴、所谓成就感，是愿望与现实达到平衡产生的一种心理感受，一个人只有找到自己的追求，并努力提升自己的能力，才有获得成就感的可能，才有可能真实现自我。

成就感与马斯洛的人性需求理论

在美国的心理学史上，有个很著名的人物——亚伯拉罕·马斯洛，他是美国第三代心理学的开创者，人格理论家，人本主义心理学的主要发起者。著有《人的动机理论》《动机和人格》《存在心理学探索》《科学心理学》《人性能达到的境界》。

马斯洛认为，在人的内心，都隐藏着七个不同层次的需要，分别是生理需要、安全需要、社交需要、尊重需要、认知需要、审美需要、自我实现的需要，而且，这些需要在人的不同时期，表现出来的迫切程度是不同的。而人的最迫切的需要才是激励人行动的主要原因和动力。

这七个层次分别是：

1. 生理需要

这是级别最低的需要，如食物、水、空气、性欲、健康。

如果一个人缺乏生理需要，他们就会什么都不想，只想让自己生存下去，此时，他们的思考能力、道德观明显变得脆弱。例如，当一个人极需要食物时，会不择手段地抢夺食物。人民在战乱时，是不会排队领面包的。

2. 安全需要

同样属于低级别的需要，如人身安全、生活稳定以及免遭痛苦、威胁或疾病等。

缺乏安全感的的人会有这样一些特征：感到自己受到身边事物的威胁，觉得这世界是不公平或是危险的；认为一切事物都是危险的，因而变得紧张、彷徨不安，认为一切事物都是"恶"的。

例如，一个孩子，在学校被同学欺负、受到老师不公平的对待，而开始变得不相信这个社会，变得不敢表现自己、不敢拥有社交生活（因为他认为社交是危险的），以此来保护自己的自身安全；一个成人，工作不顺利，薪水微薄，养不起家人，而变的自暴自弃，每天利用喝酒、吸烟来寻找短暂的安逸感。

3. 社交需要

社交需要属于较高层次的需求，比如，对友谊、爱情以及隶属关系的需要。

缺乏社交需要的人会有以下特征：因为没有感受到身边人的关怀，而认为自己没有活在这世界上的价值。

例如，一个缺少父母关爱的青少年，在家庭中没有感受到关爱，认为自己没有价值，所以才会在学校交朋友时，无视道德观和理性地积极地寻找朋友或是同类。又譬如说：青少年为了让自己融入社交圈中，给别人做牛做马，甚至吸烟、恶作剧等。

4. 尊重需要

属于较高层次的需要，如成就、名声、地位和晋升机会等。尊重需要既包括对成就或自我价值的个人感觉，也包括他人对自己的认可与尊重。

一个人缺乏尊重需要，会变得很爱面子，或是很积极地用行动来让别人认同自己，也很容易被虚荣所吸引。

例如，利用暴力来证明自己的强悍，努力读书让自己成为医生、律师来证明自己在这社会的存在和价值，富豪为了自己名利而赚钱或是捐款。

5. 认知需要

又称认知与理解的需要，是指个人对自身和周围世界的探索、理解及解决疑难问题的需要。马斯洛将其看作克服阻碍的工具，当认知需要受挫时，其他需要的满足也会受到威胁。

6. 审美需要

"爱美之心人皆有之"，每个人都有对周围美好事物的追求，以及欣赏。

7. 自我实现需要

自我实现需要，是最高层次的需求，包括对于真善美、至高人生境界获得的需要，因此，前面四项需要都能满足，最高层次的需要方能相继产生，是一种衍生性需要，如自我实现、发挥潜能等。

一个人如果缺乏自我实现的需要，会出现一些特征，比如，自己的生活空虚无趣，想要作为一个独立的人而在这个世界上做点事，这就是成就感的需要，他们急需要寻找到能让他们充实的事，这件事能让他们觉得自己在这个世界上没有白活，这让他们开始认为，价值观、道德观远胜于金钱。

例如，一个人真心真心为了帮助他人而捐款，一位运动员或者武术家专注于提升自己而只为了超越自己或者成为世界一流，一名企业家真心认为自己所经营的事业能为这社会带来价值，而为了比昨天更好而工作。

马斯洛认为七个层次要按照次序实现，由低层次一层一层向高层次递进。当人的低层次需要被满足之后，会转而寻求实现更高层次的需要。其中自我实现的需要是超越性的，追求真、善、美，将最终导向完美人格的塑造，高峰体验代表了人的这种最佳状态。马斯洛需要层次理论对我们来说的最大意义就在于，它告诉了我们，人在满足了基本的需要之后，就要去实现更高的需求和目标。

第01章 了解人性需求理论，成就感是人类完成自我实现的需要

在人的需要的顶端，是自我实现的需要，是一种创造的需要。有自我实现需要的人，往往会竭尽所能，使自己趋于完美，实现自己的理想和目标，获得成就感。

在人性需求理论中，最高层次的需要是自我实现，但是要达到自我实现的境界，成为一个能自我实现的人，并不是每个人都能办到的，只有少数人而已，而一旦人的愿望达成了，就有了成就感。

为此，我们也能得出成就感的定义：一个人做一件事或者完成一件事时，为自己所从事的事情感到愉快或成功的感觉，即愿望与现实达到平衡产生的一种心理感受。成就感是一个心理学名词，根据马斯洛的观点，也就是个体在自我实现时产生出的一种所谓的"高峰体验"的情感，这个时候的人处于最高、最完美、最和谐的状态，会感到欣喜若狂、如醉如痴。

高尚的精神是人类的最终追求

很久以前，有一个人，他在死亡后来到一个美妙的地方，在这里，有他活着的时候没有看到过和没有享用过的所有东西，有妙龄美女和美味佳肴，还有数不尽的佣人伺候他，在他看来，这里简直就是天堂。但是还没过几天，他就觉得很没意思，于是他对着旁边的佣人说："我对这一切感到很厌烦，我想要做一些事情。你可以给我找一份工作吗？"

没想到，他得到的回答却是："很抱歉，我的主人，我们这里唯一不能提供的就是工作了。"

这个人非常沮丧，愤怒地挥动着手说："这真是太糟糕了！还不如让我留在地狱！"

"您以为，您现在在什么地方呢？"那位佣人温和地说。

这则寓言故事，是要告诉我们：一个人，最终要追求的并不是奢华的物质财富，而是精神世界的充实。

第01章
了解人性需求理论，成就感是人类完成自我实现的需要

从心理学上来说，我们生活中的每个人，最终追求的目标都只是两个字——幸福。对于幸福的追求也是人的需要的一部分。人生在世，我们都有各种各样的需要，对此，社会心理学家马斯洛提出需要层次理论，并将人的需要分为七种，像阶梯一样从低到高，按层次逐级递升，分别为：生理需要、安全需要、社交需要、尊重需要、认知需要、审美需要、自我实现需要。从这里，我们可以看出，人的心理需要应该是较高层次的需要。

也许，很多人认为，所谓的幸福就是衣食无忧，有用之不尽的金钱就是幸福。然而，如果我们失去了实现自我价值的追求，那么，我们就会觉得如同活在地狱。

马斯洛的理论认为，激励的过程是动态的、层次逐步递进的、因果循环的，在这一过程中，控制人们行为的是一套不断变化的"重要"的需要等级关系，这种等级关系并非对所有的人都是一样的。社交需要和尊重需要这样的中层需要尤其如此，即使其排列顺序因人而异。不过马斯洛也明确指出，人们总是优先满足自己的生理需要，而在人类的需要中，最难以实现的就是自我实现的需要。

马斯洛认为，在人类的价值体系中，存在两类不同的需要，一类是生理需要，也就是低级需要，是指沿生物体系上升方向逐渐变弱的本能或冲动；另一类是高级需要，是指个体在

生物进化中逐渐呈现的潜能或需要。

每个人都有着这七种不同层次的需要，但在不同的时期表现出来的各种需要的迫切程度是不同的。人的最迫切的需要才是激励人行动的主要原因和动力。人的需要是从外部得来的满足逐渐向内在得到的满足转化，每当低一等级的需要被满足后，它对于人的激励作用就会降低，取而代之的是更高等级的需要。不难发现，高层次的需要比低层次的需要具有更大的价值。热情是由高层次的需要激发的。人的最高需要即自我实现就是以最有效和最完整的方式表现他自己的潜力，从而使人得到高峰体验。

人的七种基本需要在一般人身上往往是无意识的。对于个体来说，无意识的动机比有意识的动机更重要。有丰富经验的人，通过适当的技巧，可以把无意识的需要转变为有意识的需要。

人要生存，他的需要就能影响他的行为。只有那些没有被满足的需求，才能影响人的行为，被满足后，激励作用也就不存在了。人的需要按重要性和层次性排成一定的次序，从基本的需要（如食物和住房）到复杂的需要（如自我实现）。当人的某一级的需要得到最低限度的满足后，才会追求更高一级的需要，如此逐级上升，成为推动继续努力的内在动力。

第 01 章
了解人性需求理论，成就感是人类完成自我实现的需要

你的成就感从何而来

提到成就感，我们都不陌生，但是请问生活中的人们，你对成就感的理解是什么呢？是升职加薪还是娶到自己心爱的姑娘呢？这些确实是成就感，但也不完全是。生活中，我们每个人都需要成就感，所谓成就感，心理学家给出的定义是：个体心中的愿望和眼前的现实达到平衡时产生的一种心理感受。事实上，无论是事业有成的成功人士，还是平凡的我们，都能体验到成就感，只是让我们产生成就感的刺激事件不同罢了。

举个简单的例子，世界首富的成就感或许是过亿元的项目成功落成，而我们的成就感，也许是老板的认可、工作进度的推进、一份签单的完成、孩子一次考试成绩的提升，甚至可以是早上战胜了懒惰，起了个大早等。

虽然刺激事件不同，但是我们获得的心理感受是一样的。这种感受满足了我们的心理需要，帮助我们实现了自我价值，产生了自豪和愉悦感。但面对同一件事，为什么有些人可以产

生成就感，而有些人却兴趣缺缺？

对此，有人提出：成就感=能力/理想。即当一个人的能力与理想相匹配时，或者能力高于理想时，成就感就会产生；相反，就会产生挫败感。比如，领导给实习生安排了一个难度很大的任务，实习生因为能力不足，完成不了就会产生挫败感，而这个任务如果安排给一名职场精英，他或许很快就获得了成就感。那么，我们该如何获得成就感呢？这需要从能力和理想的角度出发，深度挖掘解决方法。

以下是心理学家给出的建议：

1. 审视自我，分析自己想要完成的理想和想要实现的可能自我

你的行为的驱动力就来自你的理想，你要为你的目标而努力奋斗。

而所谓的"可能自我"则是经过对自己的潜能的思考、分析和判断，想要在未来能够成为的自我。而一个人随着自己的知识、阅历和年龄的增加，其想要创造的可能自我也会发生多维度的变化。

举个例子，一名刚毕业的设计学院的学生，他的个人追求可能是设计出一件令人满意的作品。但经历了岁月的洗礼后，他的个人追求可能就会发生改变，出现了可能自我，那就是成为一名优秀的设计师，或者是创办自己的设计工作室等。

第01章
了解人性需求理论，成就感是人类完成自我实现的需要

无论是个人追求，还是可能自我，可能都不是单一的，这时就需要我们进行重要性划分：首先罗列出现在所有的想法和追求，然后对它们就进行0~10分的打分排序，最后衡量和确定哪一个更重要。

这样既可以为积极自我提供明确的奋斗目标，避免消极自我，又可以为实现目标的行动提供更多心理能量。比如在工作中，如果你对人际关系特别看重，那么你的心理资源就会更多地偏向人际沟通。

2.转变思路，尝试自我调适

心理学认为，个体所有的行为都应当具备一定的环境性，总是会做出在特定的环境下让自己的行为获得最大收益的行为。

比如，当由于环境的影响，我们的工作受到了挑战，我们不能坐以待毙，而是要做出一定的调试和改变，特别是要朝着使自己获益最大的方向去改变现状、适应环境。所以通过转变工作思路、创新工作方法去获取成就感，是一种本能，但也需要我们进行思考与实践。

比如以前工作的重点在于完成某件事，那么现在可以尝试创新地把这件事做得有趣。这样，我们的注意力就会更多地偏向有趣的工作，也更容易获得成就感。

3. 通过自我成长，建立成就感

自我成长本身就是一件具有成就感的事。

比如当你掌握了一项新的技能，学习到了某个新的知识点时，你会自信满满、充满成就感；另外，在自我成长的过程中，完成任务也会对你产生积极的推进作用，事半功倍地完成任务则可以带来更多的成就感。此时，就形成了马太效应，即强者愈强。

为此，我们可以有意识地训练工作能力，走出舒适区，去接触更多的人和做更多的事情，努力提高自己的各项能力。比如可以学习各种和工作岗位相关的专业课程，阅读专业的书籍，还可以参加同行之间的互动社团等。

因此，只要我们以获得成就感为行动方向，我们就能不断进步，不仅工作能力、解决问题的能力会获得很大的进步，而且我们的自信心也会大大提高。

你为什么对工作毫无热情

现实生活中的人们，不知道你是否问过自己这样一个问题：我为什么工作？也许很多人的答案是：为了工资，为了薪水。很明显，按照马斯洛的人的需要理论，这是最低层次的需要，这样的需要是无法激发我们的工作热情的。而如果我们能为了成就感，也就是获得自我实现而工作，我们才会产生兴趣、热情，才会有所收获，获得真正的成就感和幸福感。

在很多人梦寐以求的微软公司，员工们总是津津乐道着这样一个清洁女工的故事：

她是办公楼里临时雇佣的清洁女工，在整个办公大楼里，有好几百名员工，虽然她的薪水最低、学历最低、工作量最大，但她却是最快乐的人！

每天，她都是第一个上班的人，她总是面带微笑，然后开始工作，对任何人的要求，她都有求必应，即使是与自己工作无关的，她也会尽力帮忙。周围的同事都被她感染了，有很多人成了她的好朋友，没有人在意她的工作性质和地位，甚至包括那些被大家认为冷漠的人。她的热情就像一团火焰，慢慢将整个办公楼都带进了快乐的氛围中。

盖茨很惊异，就忍不住问她："能否告诉我，是什么让您如此开心地面对每一天呢？"

"因为我热爱这份工作！"女清洁工不假思索地回答，"我没有什么知识，我很感激企业能给我这份工作，可以让我有不菲的收入，足够支持我的女儿读完大学。而我对这美好现实唯一可以回报的，就是尽一切可能把工作做好，一想到这些，我就非常开心。"

盖茨被女清洁工这种热爱工作的态度深深地打动了："那么，您有没有兴趣成为我们当中正式的一员呢？我想你的精神是微软最需要的。""当然，这可是我最大的梦想啊！"女清洁工睁大眼睛说道。

此后，她开始利用工作之余学习计算机知识，并且，企业里的任何人都愿意帮助她成长，在不到几个月的时间里，她就掌握了不少知识，成为令人羡慕的微软公司的一名正式员工。

这名女清洁工是怎么获得成长的？正是因为她对当下的工作的热爱和对计算机知识的渴望。当她还是一名清洁工时，她能以正确的心态去面对工作，不是怨天尤人，不是得过且过，而是以一颗积极的、向上的心去感染周围的每个人。

然而，和这名清洁女工不同的是，我们周围，有不少人，他们把工作当成是获取生活物资的一种手段，他们对工作毫无积极性和热情，就像做一天和尚撞一天钟，每个月唯一能让他们感到存在的一天就是发薪水的那天。而如果有人问他们为什么不愿意离开这个工作岗位他们的回答是："没办法，要养家糊口。"那为什么又不努力工作呢？他们又有自己的理由，说这份工作不适合自己。

那么，到底是工作不适合他们，还是有其他原因让他们提不起兴趣呢？

我们可能都有这样的感受：在学生时代，我们偶尔会上课打瞌睡，其中重要的一点原因是我们对这门功课不感兴趣。其实，任何一件事情又何尝不是这样呢？如果我们认为一件事枯燥无味，那么，我们便提不起兴趣，效率自然也不高。

那么，我们的工作热情从何而来？其实，我们认为工作不合适自己，是因为工作满足不了我们的需要。根据马斯洛的需要层次理论，当我们低层次的需要得到满足，自然会有高层次的需要。通常我们认为的不适合，无非是待遇、薪水满足不了我们的要求，或者说我们的自我价值无法在当下的工作岗位中得到实现。

然而，我们也应该明白，企业为我们提供工作和价值实现的机会，我们就应端正态度努力工作。其实，认真是和兴趣成正比的，如果你能努力、认真地工作，那么，你就会取得好成绩，会获得一种成就感；反过来，成就感会刺激你继续认真、努力地工作。形成良性循环后，你的工作积极性自然就提高了。

工作过程中，我们应看到自己内心的需求，并找到工作的热情。如果你认为工作只是一种应付性的活动，那么，你是不会有很高的工作效率的。对于这种情况，你有必要调节自己的内心，当你能真正为了获得成就感而工作时，你就能做到保持不甘落后、积极向上、奋发有为的精神状态，有只争朝夕的紧迫感，那么，你一定会不断进取！

第01章
了解人性需求理论，成就感是人类完成自我实现的需要

如何获得人生的自我实现

1809年2月12日，美国总统林肯出生了。他出身很卑微，是一名私生子，并且其貌不扬，言行举止都不招人喜欢。为此，他感到很自卑，但他最终还是战胜了自己的自卑，决定要靠自己的力量改正这些缺点。于是，他拼命自修以克服早期的知识贫乏和孤陋寡闻。他学会了借助烛光、水光读书，尽管他的视力大不如前，但知识的越发丰富让他开始充满自信。他最终摆脱了自卑，并成为一名有杰出贡献的美国总统。

生活中，饱经风霜和受到无情打击的人不少，但很少有人能像林肯一样百折不挠。每次竞选失败过后，林肯都会激励自己："这不过是滑了一跤而已，并不是死了爬不起来了。"这些词汇是克服困难的力量，更是林肯最终享有盛名的利器。

从心理学的角度看，我们每个人都应该像林肯一样追求自我价值的实现，而林肯自身也被著名心理学家马斯洛认为具有

自我实现者的人格特征。

自我实现理论是马斯洛人本主义心理学的理论支柱之一。马斯洛认为，自我实现的人具有最健康和最完美的人格。马斯洛之所以会探讨这个领域，是受其大学时代的两位恩师学术思想和学术品格的影响。这两位恩师一位是完形心理学的主要创始人之一，另一位是著名文化人类学家。从他们身上，马斯洛看到了高贵的品质，便开始了他的研究。而他研究的对象，也都是最有名的人物，如晚年的林肯、托马斯·杰斐逊和威廉·詹姆斯等，表明马斯洛希望找出对人类社会做出重大贡献的人的人格特征。

马斯洛发现，在这些人的内心，也存在一定的恐惧和焦虑，但他们之所以能成功，是因为他们能接纳自己，继而没受到焦虑和恐惧的影响。他们虽然也有缺点，但因为能够接受自己的缺点，所以他们较一般人更真诚、更不防卫，也对自己更满意。他认为只有在这些人身上所体现的人性特征，才能代表人性所蕴涵潜能的最高限度，才能展现出人性的美好本性与丰富色彩。

马斯洛认为，自我实现者的人格特征（即性格特征）有：

（1）能认清现实，有比较务实的人生观。

（2）自我悦纳，同时也能悦纳周围的人和世界。

（3）能自然地表达自己的思想、情绪等。

（4）视野开阔，考虑问题能就事论事，也能考虑个人的利弊得失。

（5）愿意享受人生。

（6）性格独立自主、不过度依赖他人。

（7）热爱生活，能感知平凡的快乐。

（8）对于生命曾有过透彻的感悟。

（9）爱人类并认同自己为全人类的一员。

（10）有至深的知交，有亲密的爱人。

（11）思想民主，愿意尊重他人的看法。

（12）有伦理和道德观念，不会为了达成目的而不择手段。

（13）带有哲学气质，有幽默感。

（14）创新，不墨守成规。

（15）对世俗观念和而不同。

（16）有改变现在生活状态的愿望和能力。

对那些希望自己的人生也能臻于自我实现境界的人，马斯洛提出了以下7点建议：

（1）把自己的感情出口放宽，莫使心胸像个瓶颈。

（2）在任何情境中，都尝试以积极乐观的角度看问题，从长远考虑做决定。

（3）对生活环境中的一切，多欣赏，少抱怨；有不如意之处，设法改善；坐而空谈，不如起而实行。

（4）设定积极而有可行性的生活目标，然后全力以赴求其实现，但不能期望未来的结果一定不会失败。

（5）对是非之争辩，只要自己认清真理正义之所在，纵使违反众议，也应挺身而出，站在正义一边，坚持到底。

（6）莫使自己的生活僵化，为自己在思想与行动上留一点弹性空间；偶尔放松一下身心，将有助于自己潜力的发挥。

（7）与人坦率相处，让别人看见你的长处和缺点，也让别人分享你的快乐与痛苦。

自我实现是一种连续不断的发展过程，这个过程，也是成就感不断被强化的过程，它意味着一次次地做诸如此类的选择：是说谎还是诚实，是偷窃还是保持清白……并且每一次选择都是成长性选择。这种成长性选择也就是走向自我实现的步伐。

第02章

成就感这种心理体验，来源于你对自我能力的证明

我们都知道，成就感是愿望与现实达到平衡后产生的一种心理感受，那么，如何实现愿望呢？这需要我们具备一定的能力，当我们证明自己具备这种能力时，会产生一种愉悦的心理体验。的确，我们生活中的每个人，都要尽早树立自己的人生目标与追求，并且将当下的行为与自我价值的实现相联系，只有这样，才能产生源源不断的热情，才能有所成就。

最有成就感的，莫过于做自己热爱的事情

人活于世，每个人都有自己的喜好。对于工作也是，做自己喜欢的事，才会产生源源不断的热情，才会有所成就，也才能产生成就感。可想而知，始终做着自己并不热爱的工作，这是一种怎样的煎熬？如果你无法热爱当下的工作，你会倍感压力，会对自己的能力产生怀疑，产生无用感等，甚至可能产生高度的精神压力。

事实上，无论你从事哪一行，热情都是你成功的动力。蒂夫·鲍尔默说："我想让所有的人和我一起分享我对我们的产品与服务的激情，我想让所有的员工分享我对微软的激情。"卡耐基说："除非喜欢自己所做的工作，否则永远无法成功。"成功始于源源不断的工作热忱，你必须热爱你的工作。热爱你的工作，你才会珍惜你的时间，把握每一个机会，调动所有的力量去争取出类拔萃的成绩。

翻开莎士比亚的人生史册，我们会发现，在他的人生中也出现过抉择，他也是在不断挖掘自己的兴趣与价值中成长的。莎士比亚出生在英格兰中部美丽的埃文河畔，7岁时开始自己的读书生涯，可在校期间，他并不喜欢古板的祈祷文，而偏爱一些古罗马作家用拉丁文写的历史故事，尤其每年的五月节，是他一生中最快乐的日子。因为每每这时都会有戏班子的演出，他每场演出必到，戏剧班子走到哪里，他就跟到哪里，如痴如醉地观看着每一场精彩的演出，直到戏班离开斯特拉福城为止。

14岁时，莎士比亚离开了学校，开始了他的谋生之路，他到父亲的铺子里做过帮工，在码头做过搬运工，替人家当过导购……但他发现这些都不是自己的兴趣所在，唯独有一次他意外地在一家剧院找到一份工作，虽然工作很琐碎、普通，主要是替客人看管衣帽、照料有钱的观众上下马车，还有在后台打杂，但这个环境却是他梦寐以求的。从此，莎士比亚可以真正地接近戏剧了。一有空闲，他就躲在后台静静地观看演员们的排练。这里成了他的戏剧学校，也孕育了一位名垂青史的戏剧大师。

1592年的新年，对于莎士比亚来说是个难忘的日子。他的剧本《亨利六世》在伦敦最大的三家剧场之一——玫瑰剧场上演，莎士比亚一炮打响了自己的名声。很快《理查三世》《威尼斯商人》《温莎的风流娘儿们》《哈姆雷特》《奥赛罗》《李尔王》也相继上演。悲剧《哈姆雷特》的广受好评，更使莎士比亚登上了艺术的顶峰。

可以说，莎士比亚是在寻找兴趣、延续兴趣，并且发展自己的兴趣中成长。他一生都在为自己的兴趣而努力，一生都在为兴趣而拼搏，最终也成就了自己的梦想，实现了自己人生的辉煌。

从心理学的角度来说，当一个人在做与自己兴趣有关的事情，从事自己所喜爱的职业时，他的心情是愉悦的，态度是积极的，而且他也很有可能在自己感兴趣的领域里发挥最大的才能，创造出最佳的成绩。莎士比亚难道不是一个成功的例子吗？

自古以来，无论做什么，兴趣都是取之不尽的动力。而很多成就卓著的人士的成功，首先得益于他们充分了解自己的爱好、兴趣，根据自己的特长来进行定位。但在对自己进行准确定位前，你需要做的就是果断地放弃自己现在不擅长的道路。

我们是否曾有过这样的困惑：我喜欢现在的工作吗？是奋力争先还是得过且过呢？

有句话说得好："选择你所爱的，爱你所选择的。"为了培养你对工作的热情，在工作前，你应该考虑自己的兴趣。一般情况下，如果你真的不喜欢自己所做的事情，对它缺少积极性，那么做这份工作是不值得的，不管你得到的回报有多高，都是不值得的。

但当你选择之后，你就应当专注于你的工作。

有一位画家，举办过上百次画展。在一次朋友聚会上，一位记者问他："你成功的密决是什么？"

画家说："我小的时候，兴趣非常广泛，画画、拉手风琴、游泳样样都学，还必须都得第一才行。这当然是不可能的。于是，我闷闷不乐、心灰意冷，学习成绩一落千丈。父亲知道后，并没有责骂我。晚饭之后，父亲找来一个小漏斗和一捧玉米种子，放在桌子上，告诉我说：'今晚，我想给你做一个试验。'父亲让我双手放在漏斗下面接着，然后捡起一粒种子投到漏斗里面，种子便顺着漏斗漏到了我的手里。父亲投了十几次，我的手中也就有了十几粒种子。然后，父亲一次抓起满满一把玉米粒放到漏斗里面，玉米粒相互挤着，竟一粒也没有掉下来。父亲意味深长地对我说：'这个漏斗代表你，假如你每天都能做好一件事，每天你就会有一粒种子的收获和快乐。可是，当你想把所有的事情都挤到一起来做，反而连一粒种子也收获不到了。'20多年过去了，我一直铭记着父亲的教诲：'每天做好一件事，坦然微笑地面对生活。'"

对一个领域100%精通，要比对100个领域各精通1%强得多。因此，拥有一种专门技巧，要比那些样样不精的多面手更容易成功。以十五分的精力去追求你想得到的十分的成果，它会带给你一些真正意义上的收获。

其实，并不是所有行业都是有趣的，无论你做什么，你都要忍受其枯燥乏味。在选择好兴趣领域之后，我们就要投入精力。要知道，工作都会因为工作环境的一成不变而变得枯燥乏味。可见，一件工作有趣与否，取决于你的看法，对于工作，我们可以做好，也可以做坏；可以高高兴兴和骄傲地做，也可以愁眉苦脸和厌恶地做。如何去做，这完全取决于我们。

为此，我们要学会在工作中寻找成就感。比如，如果你是教师，你可以通过观察每个学生在学习上的进步、心智的成长来获得乐趣；如果你是个医生，你可以以帮助病人排除病痛为己之快乐。另外，你还应该认识到，在每一份工作中，我们都学到了不同的知识。

总之，现实生活中的人们，如果你想快乐地工作，那么，你就要记住，重要的并不是你付出了多少，而是你怎样为之付出。你可以在工作中抱有激情的态度，尽自己最大的能力去做，不管会得到多少，始终抱有这种良好的心态来享受工作带来的乐趣和成就感！

尽早树立梦想，为自己指明方向

有人说，人生是一场没有归途的旅程，在不断向前的人生中，每个人要想收获命运的馈赠，要想体验成就带来的愉悦，就必须尽早树立梦想，为自己指明方向。还有人说，人生如同在茫茫无际的大海上航行，每当遭遇坎坷和挫折的时候，就像是陷入最漆黑的暗夜，甚至也许不可能突破沉重而漫无边际的黑暗，只能就这样渐行渐远。实际上，要想解决这些人生的困境并非毫无办法，每个人最应该做的就是在梦想的指引下明确人生的方向，这样才能奋勇向前，哪怕遭遇狂风巨浪也绝不退却，更不会担忧和恐惧。

是否有梦想，对于人生实在是有着深远的意义，也会让人生变得截然不同。

曾经有三个农民工一起进城打工，他们来到了工地当建筑工人。炎炎夏日下，他们都光着膀子砌砖，汗流浃背。

这时过来一名记者，他拿着话筒采访这三位工人，问他们："师傅们，你们辛苦了。请问，你们正在做什么呢？"

一个工人愁眉苦脸地说："还能干什么，跟要饭差不多，吃得比猪差，干得比牛马累，这样的生活一点盼头都没有。"

第二个工人说："我正在砌墙呢，挣了钱才能养家糊口。"

第三个工人很认真地想了想，说："我正在建造高楼大厦，这里将会是地标性建筑，是整个城市的标志。简直难以想象，这么伟大的建筑，我居然参与了建设，我也很伟大。我相信，以后我也会成为设计师，为这个城市设计和建造独特的建筑。"

若干年后，第一个工人依然愁眉苦脸在建筑工地上讨生活，第二个工人成了小小的队长，负责带着几个工人干活，而第三个工人则成为了伟大的建筑设计师，每天出入于高档写字楼，有时候还回工地上参与建筑指导。在这座城市里，第三个工人真的亲手设计出独特的建筑，也因此而在城市的历史上留下了自己的名字。

看完这个故事，相信很多朋友都会对梦想的意义有更深刻的认识。同样作为建筑工人，在人生处于相同的起点，为何第一个和第二个工人都不能成为设计师，而只有第三个工人能成为真正的设计师，创造人生的奇迹呢？这是因为第三个工人有理想、有志向，所以他才能够透过艰难的生活表象，看到梦想的光芒和希望的所在。正如大文豪高尔基所说，每个人唯有不断地向着人生的目标前进，才能持续提升和完善自己，才能让自己变得才华横溢，成为能够实现自身的价值且对社会有益的人。对于每个人而言，这都是颠扑不破的真理。如果仅仅把梦想停留在空想阶段，而且从来不在真正意义上认识梦想，那么梦想就会成为人生的禁锢，也会使人生变得苍白无力。

有梦想，不仅要放在心里，更要勇敢地说出来。一旦说出来，梦想就会成为对自己的承诺，一旦告诉别人，梦想也会成为不断激励和鞭策自己进步的力量。既然人生如同在暗夜里行船，原本就没有明确方向的航行充满迷惘，我们要真正扎根于梦想，让梦想成为人生的引航灯，让梦想指引着人生不断进步，积极向上。

毋庸置疑，每个人都有自己的梦想，但是大多数人在艰难生活的过程中距离自己的梦想越来越远，唯有抓住自己的梦想，并且不遗余力地去实现自己的梦想，才能最终获得成功。我们不由得扪心自问，难道当初我们选择追求梦想就一定会失败吗？当然不是，你很有可能大获成功。遗憾的是，你放弃了，那些成功的人切实去做了，而且坚持不懈、竭尽全力。

古往今来，大多数成功者并非独具天赋的人，相反，他们之中不乏资质平庸者，而且饱尝生活的艰辛。为了实现人生的终极目标，他们从来不抱怨厄运，而是鼓起勇气面对人生、把控人生。从这个角度而言，每一个有梦想的人都是志向远大且拥有顽强意志力的人。在通往梦想的道路上，我们一定要坚持不懈，决不放弃，这样才能赢得梦想的青睐，才能在人生之路上越走越远，直到到达理想的彼岸。

心理学 与 成就感

当才华撑不起你的雄心时，
唯有努力才会获得成就感

在前文中，我们指出，成就感=能力/理想，能力大于或者等于理想时，成就感便会出现，反之则无法感受成就感，甚至有挫败感。这印证了一句话：当才华撑不起你的雄心时，你只有努力。

罗斯福从小就患有小儿麻痹症，是个瘫子。像这样一个人，他通过比常人更加艰苦努力的奋斗，在美国获得广泛的人心与支持，成为美国历史上唯一一位连任四届的总统，四次实现了孩提时的雄心！有梦想，就应该有雄心。伟大的人物在雄心的催促下成就其伟大，对于普通人来说，雄心的力量又如何呢？

美国的大富豪洛克菲勒给儿子约翰的信中说：

老实说，从小我就想成为巨富。对我来说，我受雇的休伊特·塔特尔公司是一个锻炼我的能力、让我一试身手的好地方。它代理各种商品销售，拥有一座铁矿，还经营着两项让它赖以生存的技术，那就是给美国经济带来革命性变化的铁路与电报。它把我带进了妙趣横生、广阔绚烂的商业世界，让我学会了尊重数字与事实，让我看到了运输业的威力，更培养了我作为商人应具备的能力与素养。所有的这些都在我以后的经商中发挥了极大效能。我可以说，没有在休伊特·塔特尔公司的历练，在事业上我或许要走很多弯路。

据一项调查报告显示，雄心，在成功人士身上得到了淋漓尽致的体现。"世界最优秀的人才是我！""我能成为世界上最大、最好的公司的CEO！"这种雄心，成为成功人士宝贵的财富。

人类拥有巨大的潜能，而这种潜能的激发，在很多时候来自一种强烈的追求，来自雄心的刺激。但同时，我们还要努力拼搏，要拥有超越常人的忍耐力和拼搏的精神，只有这样，我们才能将雄心变成现实、成就最好的自己。

在美国，有一群贫穷的孩子，他们从未离开过自己生活的小镇。但他们有着这样的梦想——"我们要周游世界！"

这些靠救济生活的孩子打算通过在报纸上刊登募捐广告来

筹集旅费。但是，高达1.2万美元的广告费从何而来？沉浸在梦想中的孩子们，为实现自己的愿望，开始寻找所有力所能及的杂活，比如洗车、卖报、卖花，一美分一美分地为实现梦想而挣钱。

媒体报道了孩子们的壮举，篮球名将迈克尔·乔丹深深为之感动，以圣诞老人的名义给孩子们寄去了一张1.2万美元的支票。孩子们精心设计的广告终于刊登出去了，他们收到了来自世界各地8000多封信，并且每天都有好心的捐款人出现。而最让整个小镇沸腾的事是总统亲自来信，邀请孩子们去白宫做客！

毫无疑问，这是一个关于梦想的真实故事，也是一个关于雄心的故事。对于普通人来说，如果你终生没有雄心，可能会活得平安、平淡，但绝不会感受到较大的成功的喜悦和幸福，更感觉不到生活的价值。

美国《时代》杂志加拿大版曾刊文提到，美国加利福尼亚大学的心理学家迪安·斯曼特研究发现，"雄心"是人类行为的推动力，人类拥有"雄心"，就会有力量获得更多的资源。"树立了志向后，如果有雄心，不管别人说什么都会忍耐，在忍耐中不断磨炼人格，就能成为人人羡慕的人。"这是井上笃夫在《飞得更高——孙正义传》一书中的一句话。

雄心，造就出许多伟大的人。出身贫寒的克林顿，17岁目睹了美国总统肯尼迪的风采。当总统肯尼迪握住这位阿肯色州小男孩双手的时候，他有了一个雄心，他要成为美国总统！20年后，雄心变成了现实。

当雄心与坚持、努力为伍，以踏实、上进为伴时，这样的一个人，怎么能不成就大业呢？怎么会感受不到成就感呢？有了梦想、有了雄心的你，才能深切地感受到，在切切实实地为目标拼搏、奋斗的过程中，自己迈步的幅度逐渐加大，速率逐渐提升，在努力的过程中，慢慢地实现由平凡到优秀的蜕变。

行动在前，成就在后

付出未必有收获，有行动才有成就，这已经是大家默认的残酷的事实。然而，我们能够因此就不再努力吗？付出未必有收获，如果你不再付出，那么你一定毫无所获。任何时候，天上都不会掉馅饼，你即使交了好运，也不可能不劳而获。如此一番辩证分析之后，我们不难得出一个结论：良好的行动力是成就事业的前提。不管你决定做什么，不管你为自己的人生设定了多少目标，决定你成功的永远是你自己的行动。只有行动赋予生命力量，只有你的行动，决定你的价值。

美国出类拔萃的商业大亨约翰·沃纳梅克这样说过："没有什么东西是你想得到就能得到的。"成功的人与那些蹉跎人生的人的最大区别，就是行动。如果你追溯那些成功人士的奋斗之路，你就会感叹："难怪他会做得这么好！"怎么样的行动能获得最大的成功呢？那就是马上行动。只要你敢于迈出别人不敢迈的那一步，你就能比别人快"半拍"，就能成为第一个吃螃蟹的人。

索尼是世界最大的电子产品制造商之一,是电子游戏业三巨头之一,是美国好莱坞六大电影公司之一。

从20世纪50年代开始,索尼公司不断推出市面上不曾有过的新产品,比如电晶体收音机、电晶体个人专用电视机等。在电子产品的市场上,索尼一直保持着先锋的带头作用,只要他们研发出新产品,一段时间内,同类企业就会争相模仿。所以,要想保持他们在行业内的优势,就必须不断创新。

一次,总裁盛田昭夫来到公司,看到一个员工手上拿着一个手提式录音机,心情好像不大好。盛田昭夫问他有什么心事,他说:"我喜欢听音乐,可是这样提着实在太不方便了。"听完员工的话,盛田昭夫的头脑中很快闪过一个念头——制造一个能够随身听的录音机。在一次产品策划会议上,这个创意并不受欢迎,但盛田昭夫坚持尝试。不久,第一架带着小型耳机的实验品送来了,灵巧的尺寸与高品质的音效使他很开心。1979年索尼推出第一台随身听。

很快,市场验证了盛田昭夫的决定是明智的,这类小型收音机迅速打开了市场,并且,他们为了刺激销售,试制了不同机型,如防水、防尘机型,还有更多改良的机器型号。

当然这么做的效果是明显的,如著名指挥家卡拉扬、音乐名家史坦恩都找盛田昭夫订购。也许正因为如此，索尼公司才跻身全世界耳机制造商之林，在日本占有将近50%的市场。

这样一个全新的市场，还担心别人的竞争吗？在他人已经涉足甚至做得如火如荼的行业里努力，远不如独自开辟一个市场更容易成功。比尔·盖茨曾经说过："微软处处领先，我能成为世界首富，靠的就是不断更新。我们要做第一个吃螃蟹的人，就要保证我们自己而不是别的什么人将我们的产品更新换代。对于一个企业来说如此，对个人来说也是如此。"

不难发现，我们生活的周围，很多人都对未来做出了各种各样的构想，但真正到了应该行动的时候，做到的人却少之又少。每每考虑到有失败的可能，他们就退缩了。因为他们怕被扣上愚昧的帽子，遭到别人取笑；他们不敢爱，因为害怕不被爱的风险；他们不敢尝试，因为要冒着失败的风险；他们不敢希望什么，因为他们怕失望……这些可能遇到的风险，让他们畏首畏尾、举步维艰，他们茫然四顾，不知道自己的出路在何方，殊不知，如果连第一步都不敢开始的话，他们永远不可能看到追求人生目标之路上的风景。

人间没有一件绝对完美或接近完美的事情，如果要等所有条件都具备以后才去做，只能永远等待下去了。如果一个人一直在想而不去做的话，根本成就不了任何事。

立即行动，而不是寻找任何的借口逃避，这样的人才能最终赢得胜利女神的垂青。洛克菲勒曾说："不要等待奇迹发生才开始实践你的梦想。今天就开始行动！"行动是成功的保证，只有行动才会产生结果。在任何一个领域里，不去行动的人，就不会获得成功。世上没有任何事情比下决心、立即行动更为重要、更有效果。因为人的一生，可以有所作为的时机只有一次，那就是现在。

因此，我们每个人要想成功，就应该做到敢为人先，就要认识到行动的重要性。现代乃至未来社会，执行力就是竞争力。成败的关键在于执行。

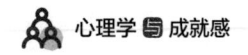

忙却找不到成就感？因为你做了太多无效努力

我们发现，在我们生活的周围，总是有不少人在抱怨自己忙，你是否也有这样的感触？你是否发现你出席的会议更多了？你是否在办公桌上吃午饭？你是不是甚至连假期都被占用了？当其他人提起事半功倍这一词时，你是否由衷地感到厌恶？那么，你忙出成果了吗？你有成就感吗？如果你的回答是否定的话，那只能证明你是在瞎忙。你为什么那么忙？因为你做了很多无效努力，做事缺乏目标和规划。

的确，现代社会，是一个高效社会。衡量一个人成就的标尺不在于他工作了多长时间，而在于他所创造的价值。工作没计划、缺乏条理的人，大量的体力和精力都是白白浪费掉的。在我们身边，很多人工作安排得乱七八糟，毫无规划。他们早出晚归，别人安排他们做什么他们就做什么，从来没有时间整理自己的东西和自己的思想。长此以往，即使有了时间和自由，他们也会在惯性的作用下继续过着一塌糊涂的日子。

我们都知道，一年有365天，一天有24小时，并不会因为你是谁而多了或者少了一分一秒，我们都在努力工作，但是人与人不同，每个人创造的价值不一样，产生的效果也不一样，那么区别究竟在哪呢？说到底还是效率的问题。

事实上，一个成熟的人，应该在忙碌之前想清楚自己为什么而忙碌，在忙碌的过程中想清楚怎样才能让自己变得不那么忙碌，做到忙中有闲、忙而有成。忙碌中的思考，最有利于提高我们的谋划、驾驭、应变能力，年轻人应该做到忙而有思，不能碌碌无为。

为此，我们有以下建议。

1. 始终把精力放到最重要的事上

在生活中，无论是工作、学习还是人际关系等，你都应该最先完成那些重要而且是必要的任务。

如果你是一名销售人员，你的工作顺序就是打电话约见客户，然后准备销售的工具以及材料，到客户那去，向客户介绍产品，最后签订定单。

如果你是一名销售经理，你的工作可能就是把产品的知识传授给属下，统计整个单位的业绩，走访一些重要的顾客，把下级的一些意见反映给上级等。

如果你是一名职业经理人，你工作的大部分时间应该用在规划、组织、用人、指导、控制上。

所以，每一个人因为工作的角色不同，只做重要及必要的任务。

2. 制订完善的计划和标准

要想把事情做到最好，你心中必须有一个很高的标准，不能是一般的标准。在决定事情之前，要进行周密的调查论证，广泛征求意见，尽量把可能发生的情况考虑进去，以尽可能避免出现漏洞，直至达到预期效果。

3. 制订计划时不要超过你的实际能力范围，而且内容一定要详尽

比如说，如果你想学习英语，那么你不妨制订一个学习计划，安排星期一、星期三和星期五下午5：30开始听20分钟的英语录音，星期二和星期四学习语法。这样一来，你每个星期都能更实在地接近、实现你的目标。

4. 做事要有条理有秩序，不可急躁

急躁是很多人的通病，但任何一件事，从计划到实现的阶段，都需要一些时间让它自然成熟。假如过于急躁而不甘等待的话，经常会遭到破坏性的阻碍。因此，无论如何，我们都要有耐心，压抑心中那股焦急不安的情绪，才不愧为真正的智者。

5. 立即行动，勤奋才能产生行动

我们都知道勤奋和效率的关系。在相同条件下，当一个人

勤奋努力工作时，他所产生的效率肯定会大于他懒散工作时的。高效率的工作者都懂得这个道理，所以，他们能够实现别人难以达到的目标。

总之，我们要改变自己高投入、低产出的现状，首先应该给自己选择一个正确的人生规划，然后每天拿出5分钟的时间规划自己的一天。有条不紊的行事作风，是向成功靠拢的重要一步。

你的成就来自与自己比较，而不是他人

人与人相处，难免会相互比较，比较之下，就容易发现不如人的地方。"魔镜啊魔镜，谁是这世上最美丽的女子？"白雪公主的故事里，恶毒的王后总是一遍又一遍地重复着这个问题。"既生瑜何生亮？"喜欢攀比的人多半要发出这样的感慨，于是他们总是不能开怀。其实，手指各有长短，人与人之间更是不相同。与其与他人比较，不如与昨天的自己比较，这才是进步和成就感的源泉。

老子在《道德经》中提倡无为而治，就是让人放下攀比之心。"无为而无不为"意思是不攀比而无所不能。无为并不是什么都不做，而是放下攀比之心。因为有了攀比之心，人们就不能按自己的方式去生活，去做事，会变成毫无个性的人。人都有自己的特长，有自己的才能，有自己的价值观，关注自己的进步，你会做得更好。

实际上，我们每个人都是特别的，你不需要与他人比较，比较只会让你陷入不快乐的情绪中。

一位员工在日记里写下这样的文字：

这段时间，我觉得自己挺奇怪的，只要看到别人的优秀之处，总会忍不住地与自己相比，结果一比，我发现自己是那么不如人。比如，下班之前，大家会交流自己的销售情况，如果我听到有人说今天又做了多少单生意，我就会内心莫名地恐慌，甚至还有点恨对方，心中暗暗诅咒对方。虽然我也知道这样的想法很不对，但我就是控制不住自己。难道我真的是一个很坏的人，忍受不了别人比自己强吗？

这类心理恐怕很多人都曾有过。心理学家指出，如果我们不控制比较的心理的话，轻则会影响到我们的心理健康、严重的甚至会让我们产生心理疾病。而只有做到少一些比较，才能多一些开怀。

的确，攀比之心，人皆有之。但其实，这种比较是没有任何意义的。无论你比得过别人，还是比不过别人，你的生活、你的现状都不会受到任何影响。你既得不到别人的财产，也不会失去自己所拥有的一切。所以，请停止无谓的攀比，不要给自己徒增烦恼。

比较是一把利剑，这把利剑不会伤到别人，只会伤害自己。它刺向自己的心灵深处，伤害的是自己的快乐和幸福。俗话说，"人比人，气死人"。生活中的你，如果陷入没有原则、没有意义的盲目比较中，只会导致心理失衡。而如果你能放下比较给你带来的枷锁，活出不一样的自我，那么，快乐就会如影随形。

那么，我们该怎样进行心理调节呢？

1. 通过自我暗示，增强自己的心理承受能力

自我暗示又称自我肯定，这是一种调节心理的强有力的技巧，它可以在短时间内改变一个人对生活的态度，增强对事件的承受能力。具体方法为运用鼓励性的语言、动作来鼓励自己。比如，当别人取得好成绩时候，你可以在心中鼓励自己"其实我也很好"，久而久之，盲目比较的习惯就会有所改善。

2. 尽可能地纵向比较，减少盲目地横向比较

比较分为纵向比较和横向比较。横向比较指的是将自己与他人比，而纵向比较指的是将昨天的自己和今天的自己比，找到长期的发展变化，以进步的心态鼓励自己，从而建立希望体系，帮助自己树立坚定的信心。

比如，困难重重的时候，如果你消极悲观，那么，任何一件小事都能让你痛苦万分。而如果你积极乐观，你会发现，还有很多比你还不幸的人。生活中的你，每当遇到困难时，不妨

以此激励自己。

3. 快乐之药可以治疗自卑

生活中，人们有痛苦也有快乐，快乐的人之所以快乐，是因为他们善于发现快乐的点滴，而如果一个人总是想：比起别人可能得到的欢乐来，我的那一点快乐算得了什么呢？那么他就会永远陷于痛苦和嫉妒之中。

4. 完善自己

一个人如果明白只有完善自己才能逐步提高的道理，也就能转移视线，不仅找到努力的动力，也会豁然开朗。

总之，知足常乐，少一些比较，多一些快乐，才是最佳状态！

靠自己的努力，去证明自己的能力

尼采曾说："如果你想走到高处，就要使用自己的两条腿！不要让别人把你抬到高处，不要坐在别人的背上和头上。"在这个过程中，你的每一分努力都有时光的见证，而时光会将那些最好的留给最优秀的你。一个人要想拥有成就感、从心底里感受到生命的充实，那就必须靠自己。所有的事实都证明，"一切靠自己"是最明智的人生理念。虽然年轻人可以靠父母和亲戚的庇护而成长，因爱人而得到幸福，但是不管怎么样，人生归根到底还是要靠自己的努力。

奥普拉·温费瑞是第一位黑人主持人，作为典型的新时代职业女性，她还是《时尚》杂志的模特，备受世人尊敬。

当然，在现实生活中，并不是每个人都能成为奥普拉，但是使奥普拉获得成功的力量却是每个人都能拥有的，那就是成功的决心。

在奥普拉小的时候，因为家境贫寒，她只能穿用麻袋做的衣服，为此，别人给给她取了个"麻袋少女"的绰号。并且，因为她是私生女，所以小时候她就一直生活在别人的嘲笑和歧视中，成长在受虐待的环境里。

但是，她还是以自己坚韧的意志成功了。为了成为一名优秀的脱口秀主持人，她决心一步一步来，由于从小的家庭环境不好，她没有很好的基础，所以每一步走起来都是异常困难的。但是她从来没有放弃过，在她的字典里，没有什么事情是不可能的，"除非你不愿意去做"。所以，最后当她美丽地站在镁光灯下面，她可以大声地说："我以自身的努力，享受到了收获的快乐。"

并不是每一个人都能成为奥普拉，但是只要你拥有奥普拉一样的决心，就有希望像她一样获得成功。没有人能够预知事情的结果，但是每个人都能够通过自己的决心和努力来改变事情的未来、摘得胜利的果实。时光，最终把最好的东西留给了最优秀的奥普拉。

威廉·李卜克内西说："才能的火花，常常在勤奋的磨石上迸发。"你是勤奋还是懒惰，时光会是最好的见证者。如果一个人是勤奋的，那么他就拥有了成功的机会；如果一个人是懒惰的，那么他一定不会成功。勤勉和成功是互相制约的，虽然你的勤劳并不一定会给你带来成功，但是无论如何，每个人都要努力工作，因为这是成功的最基本的条件。

杨润丹是美国杨氏设计公司的总裁，同时，她也是一位资深生活设计师。早年，她毕业于纽约大学的室内设计专业，后来在美国密歇根大学获得硕士学位。作为设计行业的领军人物，在工作中，她倡导创造高品质的生活，并将不同的潮流设计带入室内外的设计中。与此同时，她所创造的品牌不断发展壮大，得到了越来越多人的支持与认可。

杨润丹是一个优雅恬淡的女子，她有着细柔的言语、恬淡的笑容。不过，这仅仅是她的外表，在她的骨子里有着一份比男人更强的坚韧。在受传统思想影响的社会，一个女人想要做成事真的很难，她们往往比男人付出更多，却收效甚微。杨润丹说："我并不想做一个女强人，也不喜欢别人这样称呼我。在中国，大部分的女性都很优秀，而我只是找到了自己想要去坚持和努力的信仰，凭着那份坚韧与勤奋一步步走下去而已。"

早年，移居美国的杨润丹随着父亲第一次回到中国，后来，由于设计工作需要便常常往返于中国与美国。随着对中国的熟悉，心有志向的杨润丹决定在中国成立工程公司。刚开始创业的时候，她不受父亲的资助，而是靠自己努力。她白天做设计，晚上去工地检查、指导、学习。回忆那段辛苦的日子，她觉得一切都值得，因为自己成功了。

杨润丹说："一个女人在中国北京，我们没有任何关系，一开始赔了很多钱，在那会儿我还生病，无数次的想背包回去不来了，可是我想这么多人跟着你，人家为你工作，就是相信你，所以，我只能成功，不能后退。"杨润丹，就是一个耐力与勤勉并行的女子，她心中的那份认真，最终因努力而换得了最好的奖赏。

许多年轻人想努力的时候，总会怀疑：我的努力是否会白费？我要不要这么拼命努力？他们总会担心自己的付出未能得到应有的回报。不过，年轻人，你努力了吗？努力才有可能成功，不努力留给你的只有失败。持续为自己的梦想和人生努力吧，时光往往会把最好的留给最优秀的你。

第03章

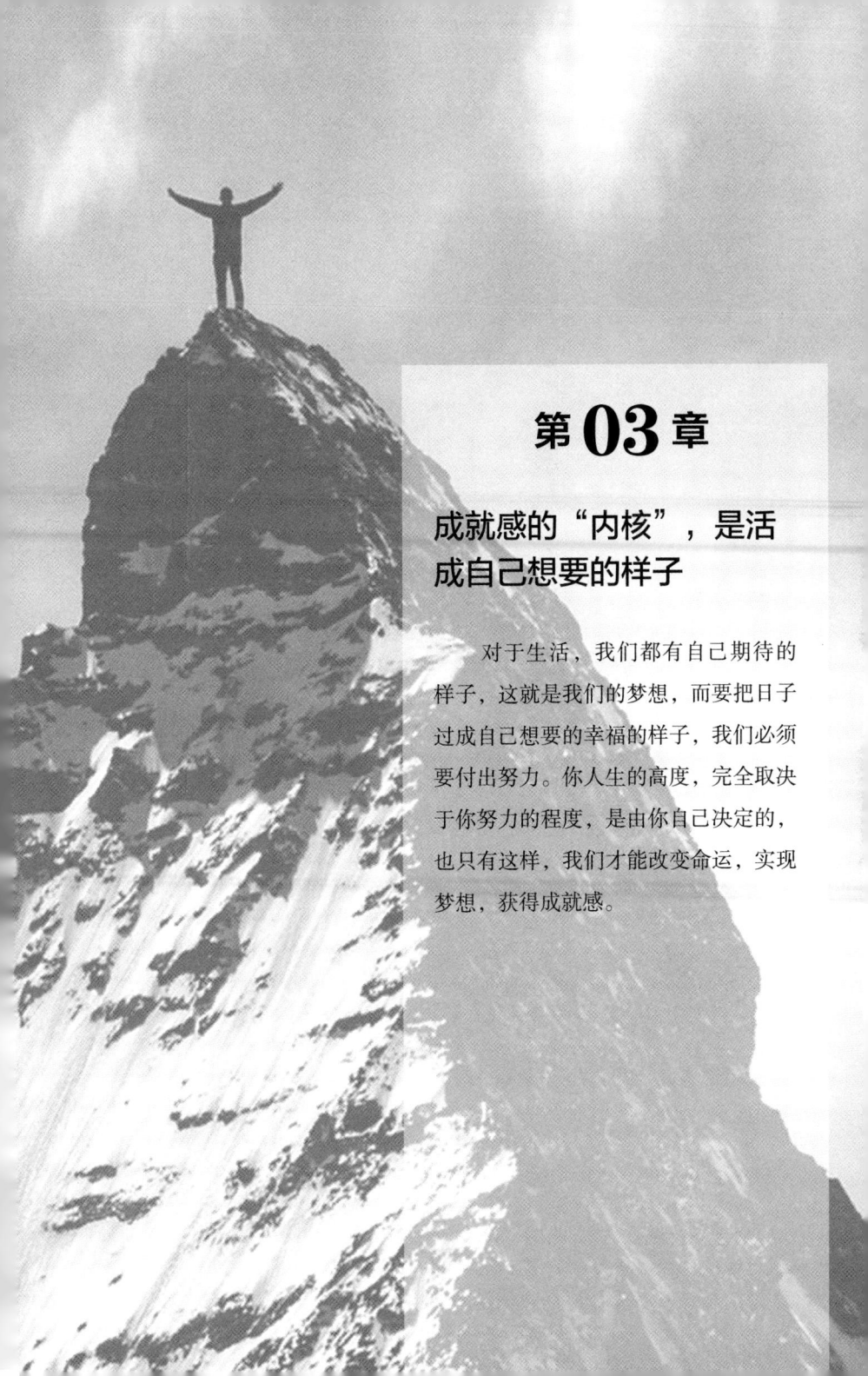

成就感的"内核",是活成自己想要的样子

对于生活,我们都有自己期待的样子,这就是我们的梦想,而要把日子过成自己想要的幸福的样子,我们必须要付出努力。你人生的高度,完全取决于你努力的程度,是由你自己决定的,也只有这样,我们才能改变命运,实现梦想,获得成就感。

第03章
成就感的"内核",是活成自己想要的样子

你想要的人生,要从破除当下的安逸开始

现实生活中,我们每个人对人生成功的定义都不同,但是有一个成功标准却是通用的,那就是要过上自己想要的人生。过上自己想要的人生,我们的成就感才会涌现,才会感受幸福。理想的生活,就是我们的梦想。对于这样的梦想,一些人表示自己也想改变现状,想实现梦想,但是他们却只是过着按部就班的生活,当一天和尚撞一天钟。其实这样,不但无法成就人生的精彩,还会使我们的人生永远陷入低潮和低谷之中,永无出头之日。如此深刻的绝望,必然对我们的人生造成伤害。

相反,那些取得一番成就的人,无不是不断拼搏和自我超越的。毋庸置疑,人生的美好并非从天而降,只有当我们不断奋斗、坚持不懈、持之以恒,而且能够咬牙走过坎坷泥泞时,我们才有可能迎来人生的辉煌。

当然,在如今这个竞争激烈的时代中,每个人都要承受巨

大的生存压力,所谓的安逸舒适只是相对而言。如果命运注定我们要拼尽全力去奋斗,与其延迟,不如抢先,这样至少占据了先机,也可以让自己有更大的主动权。当看到别人取得轰轰烈烈的成功时,不要忘记,每一个人的成功都是全力以赴才得到的!

现实生活中,有太多人企图用嘴巴去实现梦想,因为他们总是把梦想挂在嘴边当成口号去喊,却很少真正地付诸行动去把梦想变成现实。在日复一日的拖延中,他们的梦想最终变成了空想,他们的人生也变得非常被动。尤其是很多年轻人,总是以年轻作为资本,觉得自己非常年轻,有太多的机会去为人生拼搏,所以也不急于这一时。实际上,这样的想法是完全错误的。年轻的确是资本,但却是奋斗的资本,是努力进取的资本,而不是放松和懈怠的资本。宝贵的时光总是过得飞快,为此人们才说弹指一挥间。即使作为年轻人,要想距离梦想更近,真正地实现梦想,也要全力以赴去努力,争分夺秒,珍惜宝贵的人生光阴。

安逸也许会对人产生强烈的吸引力,然而,安逸的日子过久了,你会发现自己斗志全无,甚至失去了战斗力。然而,想要舍弃安逸,却并没有那么容易,因为人的本能就是趋利避害,没有人愿意辛苦地去奔波。所以安逸就像一个陷阱,让人沉下去,无法逃出险境而看到更加广阔的人生天地。

第03章
成就感的"内核",是活成自己想要的样子

结婚生子之后,小李就一直是一名全职家庭主妇,她的丈夫在一家企业当基层领导,日子倒也安逸。但小李一直想自己做点事,她认为总待在自己的舒适圈并不是长久之计,所以,上个月孩子上了幼儿园后,她就开始琢磨起未来的人生之路。

思来想去,她想起了从小以来的梦想,那就是拥有一家书屋。在这个书屋里,既有满室的书香,也有咖啡的香气,每个爱书的人既可以买书,也可以坐在旁边的桌子上喝一杯浓香的咖啡,静静地看书,还可以在书店里随处可见的坐垫上席地而坐,以自己最舒服的姿势看书。

小李想到就要去做,她当即把想法告诉了丈夫。但是显而易见,丈夫并没有给予小李的梦想以理解和支持。

虽然没有得到丈夫的全力支持,但是小李坚持自己的想法。她拿出结婚之前积攒的私房钱,开始四处寻找合适的店面。然而,在经过一番计算,小李觉得私房钱根本不够支撑起一家书店,为此她只能再次向丈夫求救。这次,小李的态度很鲜明。虽然丈夫不赞同小李开书店的想法,但还是给予了小李大力的经济支持。经历半年的准备之后,小李的书店终于开业了。书店开业之后生意非常清冷,小李感到很失落。

一个偶然的机会,她和同学讨论如何经营好书店,同学提出了一个很好的主意。毋庸置疑,这个主意能够吸引很多人的眼球,但是小李却很担心营销的成果。为此,小李总是忧心忡

忡、犹豫不定,不知道是否应该继续投入大笔的金钱,从而为书店起死回生殊死一搏。经历了几天的痛苦思考之后,小李还是没有能够做出果断的决定,看到小李心神不宁的样子,丈夫了解了原因,于是问小李:"你愿意现在就放弃书店吗?"小李坚定不移地摇摇头,丈夫说:"那从现在开始就勇敢地去做吧,只有在做的过程中,你才会知道自己做完之后能够得到怎样的结果。否则,你就会错过此时把握着的好机会。"小李感到很惊讶,因为丈夫曾经不支持她开书店,现在却对她表示大力支持,这到底是为什么呢?丈夫似乎看穿了小李的心思,当即安慰小李:"我并不是不支持你,只是觉得要做一件事,就要把它做好!"就这样,在丈夫的支持和同学的建议下,小李为了书店的宣传又投入了大笔的资金。最终,书店的反馈果然很好,小李悬着的心这才下来。她明白了,原来,很多事情只有真正去做了,才知道结果如何。

在这个事例中,小李是个说做就做的人,她走出了家庭、走出了自己的舒适圈,这样的魄力值得很多年轻人学习,虽然过程有些艰难,但她做到了全力以赴,最终获得了想要的成果。

人的本能都是趋利避害,每个人都想过着安逸舒适的生活。然而,流水不腐,户枢不蠹,人也要动起来,才能戒掉懒惰的坏习惯，让自己充满活力。记住，也许你此刻贪图安逸，但是未来你就会远离梦想。要想真正地实现梦想，就必须时刻保持警醒，要始终对于人生全力以赴。在现代社会中生存的确很难，压力也很大，但依然会有强者脱颖而出。所以要想实现梦想，最重要的就是让自己努力振奋，持续增强自身的实力。唯有如此，才能在人生的道路上不断地进步，实现梦想，成就自我！

当你足够努力，才能过上想要的生活

生活中的你，是否羡慕这样的生活：在宽敞明亮的房间内，为家人做着早饭，父母窝在舒服的沙发上看着电视，孩子在书房内练习钢琴，爱人下班后给你带来心爱的礼物。这样的生活，大概是很多人想要的，然而，要想过上这样的生活，需要我们的努力，在年轻时拼尽全力去奋斗。

然而，很多人的人生都被局限在方寸之间，局限在职场的格子间。为此，我们只能踩着脚下的土地，看着头顶的那小小的一片天空，却不知道土地之外还有土地，天空之外还有天空。如此局促的人生，必然导致我们视野狭窄，根本无法打开人生的广阔天地，更别说过上自己想要的生活了。其实，正如歌曲《感恩的心》中所唱的，"天地虽宽，这条路却难走，我看遍这人间坎坷辛苦"。人生之路从来不是一帆风顺的，也没有人的人生能够彻底摆脱苦恼。

所以，在漫长而又短暂的人生中，我们必须想方设法让自己过得更好，也让我们身边的人充满希望。唯有如此，我们才能更加从容地应对人生，也才能避免因为小小的困难就放弃人生的希望。

的确，我们不少人总是羡慕他人的荣耀和光环。其实，要想让自己获得进步，我们更应该发奋努力，这样我们才能在流过汗和泪之后，获得自己想要的生活。除了要付出努力之外，我们还要学会坚持。很多人之所以总是与失败结缘，就是因为他们总是半途而废。要知道，任何成功都不是一蹴而就的，通往成功的道路是漫长的，通往成功的道路也必然充满艰辛。我们唯有不遗余力地战胜困难，才能挑战和超越自我。

作为贫穷黑人家的孩子，福勒年仅5岁就开始劳动来养活自己。与福勒一同玩耍的孩子中，绝大多数孩子出身于佃农家庭，他们和福勒一样，小小年纪就开始凭借自己的双手劳动来养活自己。不过，他们之中没有任何人抱怨命运，他们从不幻想自己出生在富裕的家庭，而是对命运的安排安之若素。这一点，福勒和他们截然不同。原来，在母亲的启发下，福勒从小就对现状不满，不甘于这样过一生。母亲时常告诫福勒："福勒，人并不是生来就要受穷的。我不想让你认命，也不是上帝让我们永远受穷的。要知道，我们之所以贫穷，只是因为我们从未想过要改变生活，发家致富。在此之前，我们家里的每个人都甘于贫穷,我们必须改变,从你开始,否则连上帝都无法帮助我们。"

福勒虽然年纪尚小,但是对于母亲的话却印象深刻。他听从母亲的意愿,决定经商,以最快速的方法赚取钱财。思来想去,因为缺乏本钱,所以他决定从推销肥皂开始。从那之后,他在整整12年的时间里,始终在挨家挨户地推销肥皂。

一个偶然的机会,福勒听说有家肥皂公司要拍卖,他似乎看到发财的机会正在向着自己招手,因为他在12年的时间里已经积累了丰富的销售经验,也为自己树立了良好的口碑。就这样,福勒从朋友那里借了很多钱,再加上自己此前所有的积蓄,而且从投资公司借债,最终依然差一万美元才能成功购买肥皂公司。夜深人静时,无计可施的他绞尽脑汁,在街道上走来走去。突然,他看到有家公司还亮着灯,于是径直走进去,问那个满脸疲惫、伏案疾书的职员:"你想赚到一千美元吗?"那个职员不知所以地看着福勒,点了点头。福勒讲明了自己的事情,并且向对方承诺:"如果你愿意开一张一万美元的支票给我,我在还钱的时候,将会额外支付你一千美元的利息。"对于职员而言,这个办法并没有太大的风险,难度也很小,于是他当即表示同意。就这样,福勒成功收购了肥皂公司,他大获成功,还成为一家报社以及其他七家公司的股东,彻底改变了自己以及整个家族的命运。

因此，生活中的人们，如果你出身贫寒，也没有结交到好运，请不要抱怨。在关注成功者时，我们与其关注成功者的光环和荣耀，不如更用心地了解成功者曾经的努力和奋斗。要知道，我们唯有不懈努力，与命运博弈，才能迎来人生的契机。

在通往成功的路途上，任何的抱怨都无济于事，唯有努力才是真刀实枪的本事。努力的年轻人，不用去寻找好运，因为他就是好运。越努力越好运，这确实是一个成功的奥秘。努力本身带给我们有益的东西远远大于成功，在努力的过程中，不断磨练、不断尝试，到成功那一天，所有的努力都会聚沙成塔，成就你的人生。

你知道吗？风往哪个方向吹，草就往哪个方向倒。年轻人要做风，即便最后遍体鳞伤，但也会长出翅膀，勇敢地飞翔。努力吧！在路上的年轻人。一个年轻人如果缺少棱角、缺少勇气，无法选择自己的路，那他只能成为被风吹倒的草。所以，大胆走自己的路，凭借自己的努力，总有一天，你可以过上自己想要的生活。

付出爱心，你会获得成就感

如果你从刚踏入社会就开始学习做人，心系他人，时常想着要为他人创造幸福，那么，你的内心也会因为爱而有成就感。这就如心理学家马斯洛提出人的七个层次的需要中所指出的，人类最高级别的需要是自我实现的需要，而追求真、善、美是自我实现的主要方面，主动帮助他人、为他人付出，在他人感到快乐的同时，我们也会产生精神上的愉悦感。

的确，人类是有感情的动物。当你将你的感情、爱心奉献给别人时，别人也会对你施以爱的回报，或是发自内心的感谢。被别人尊重和关心是我们每个刚走进社会的人所希望的事情，但如果我们不付出爱心，就很难收获别人的关爱。

社会上需要我们付出爱心的地方很多，哪怕每天只付出一点点爱心，也会体现出其中的价值与意义，甚至会在不经意间赢得别人一生的感谢。

第03章
成就感的"内核"，是活成自己想要的样子

从前，有一个贫穷的小男孩，为了攒够自己的学费而挨家挨户地推销商品。这天，下着大雪，劳累了一天的男孩连一件商品也没有卖出去，他感到十分饥饿，但摸遍全身只有一角钱。男孩十分沮丧，他几乎想要放弃自己的求学梦想了，这时，他敲开了一户人家的门，打算讨一口水喝。

开门的是一位年轻的女子，当男孩小心地提出想要一杯水的时候，这位女子给了男孩一大杯温热的牛奶。男孩慢慢地喝完了牛奶，忐忑地询问自己需要付出多少钱，年轻女子回答说一分钱也不用付。男孩道谢后离开了这户人家，他眼里含着热泪，正是这杯牛奶给了他勇气和希望，他决心不仅要继续自己的求学之路，并且要像女孩一样做个善良的、乐于分享的人。

数年之后，这位年轻女子得了一种罕见的疾病，被转到了大城市由专家会诊治疗。而当年的那个小男孩如今已是医生了，并且参与了女孩医治方案的制订。当看到病历上所写病人的来历时，医生一下子就意识到，病床上的人就是当年那位年轻女子。他内心十分激动，用尽所学为女子制订治疗方案，并为她支付了所有的医疗费。

在医院的悉心照料下，女子终于康复出院了，她十分忐忑地接过医药费通知单，相信医药费将会花去她的全部家当。但当她翻开了医药费通知单后却发现，所有费用已经结清，费用单上写了一行小字"医药费是一满杯牛奶"。

有人说，我们这个社会需要用爱心来构筑。也许只是危难时伸出的一双援手，但它可以救活一个人；也许只是薄薄的一条毯子，但它可以温暖一个人；也许只是一句鼓励的话语，但它可以换回失意者的希望……

所以，从现在开始，学会付出爱心吧，点滴的爱心可能会创造奇迹。而更重要的是，这样的你能始终处于积极热情的状态，你的人生也会随之改变，你的世界也会充满欢笑，你的命运也会更加精彩有趣！

我们任何人都要学会和自己好好相处

我们都知道，人是群居动物，我们都生活在一定的集体中，我们任何人的一生都不可能脱离他人而存在。但是我们又是孤独的。你是否曾有这样的体验：夜深人静时，在我们内心深处，我们渴望被人理解，渴望被接纳。但是，相识满天下，知己能几人？谁又能无时无刻地终身陪伴我们呢？的确，在很长一段时间里，我们的生活前拥后抱、热热闹闹，让人误以为这就是生活的常态；其实，孤独才是人生永恒的状态。正如作家饶雪漫曾说的："不要害怕孤独。后来你会发现，人生中有很多美好难忘的时光，大抵都是与自己独处之时。"

的确，不管我们与别人如何交集交织，我们一辈子相处得最多的还是自己。所以，任何人都要学会接受孤独，并学会和自己好好相处。

有本书上曾经说："能够忍受孤独的，是低段位选手；能够享受孤独的，才是高段位选手。"诚哉斯言！不同的人生态度，成就了不同的人生高度。一个真正有内涵的人，不在于他能说出多少部跑车的名字，而在于懂得怎么修理好一个柜子，养活一缸鱼，下厨煲一锅汤，会照料受伤的小动物等。这一切远胜于在酒吧呼朋唤友、左拥右抱。他应该有自我内心的坚定和认知，不受世间左右来，专注工作和学习，并且独具一格。

朱自清先生在散文《荷塘月色》中写过这样一段话："我爱热闹，也爱冷静；我爱群居，也爱独处。"人在独处之时可以想许多事情，可以不受他物的牵绊，让自己的思想尽情遨游，在深思熟虑中获得生命的体验与感悟。这便是孤独的妙处吧。

刘女士是一家外贸公司的老板，从公司成立之初到现在已经有3年时间了。虽然公司已经小有规模，但毕竟是家小公司，很多事还是需要刘女士亲力亲为，大到公司发展规划的制定，小到公司的财务问题。然而，更让刘女士感到心累的是，她几乎每天都要应酬客户，不停地吃饭、喝酒、谈判，让她感到厌烦，甚至说是恐惧。

有一段时间，她的胃病犯了，医生建议她不要在外面吃饭了，于是，她决定给自己放一个星期的假，调理下身体。

这一周，她开车回到了农村的老家。

第03章
成就感的"内核",是活成自己想要的样子

老家是个静谧的地方,清早起来,她听着潺潺的流水声、空谷中鸟儿的啼叫声,呼吸着新鲜的空气,觉得他那些所谓的客户、订单、酒桌等都抛到脑后的感觉真好。

这种感觉就像做了一场梦,醒来后,她感到了前所未有的放松。她心想,也许只有独处、寂寞才能让自己的心静下来。

从那以后,刘女士每周都会花上半天时间来自己的"秘密基地"调整一下心情。偶尔,她也会带上自己的好茶,坐在河边,就一个人,什么都不想,什么都不做,她很享受这样的寂寞。

的确,生活中,很多人都像刘女士一样,因为工作、生活,不得不四处奔波,硬着头皮在喧嚣的尘世中闯荡,长时间下来,他们疲惫不堪、精神紧张,却不知如何调节。其实,如果我们能挤出一点时间独处,我们的心情就会得到舒缓。

几乎所有人都在教我们如何合群、如何与别人沟通,却没有人告诉我们孤独才是生命的本质。然而,城市那么大,扰乱我们心绪的因素太多,为此,我们要懂得调节。

第一,静下心来。要学会独处,然后去思考,把自己的心放空,这样,你每天都会以全新的心态和精神面貌去生活、工作。同时,你需要降低对物质的欲望,淡然一点,你会获得更多的机会。

第二,学会关爱自己,爱自己才能爱他人。善待自己,多

帮助他人，也是让自己宁静下来的一种方式。

第三，心情烦躁时，多做一些安静的事，比如，喝一杯白开水，放一曲舒缓的轻音乐，闭眼，回味身边的人与事，对新的未来可以慢慢的梳理。这就是一种休息，也是一种冷静的思考。

第四，和自己比较，不和别人争。你没有必要嫉妒别人，也没必要羡慕别人。你要相信，只要你去做，你也可以的。要为自己的每一次进步而开心。

第五，多读书。阅读实际就是一个吸收养料的过程，你的求知欲在呼唤你，要活着就需要这样的养分。

第六，珍惜身边的人。无论你喜不喜欢对方，都不要用语言伤害对方，而应该尽量迂回地表达。

第七，热爱生命。每天吸收新的养料，每天要有不同的思维。学会换位思考，尽量找新的事物满足对世界的新奇感、神秘感。

第八，只有用真心、用爱、用好的人格去面对你的生活，你的人生才会更精彩！

总之，每天保持一份乐观的心态，如果遇到烦心事，要学会哄自己开心，让自己坚强自信，只有保持良好的心态，才能让自己心情愉快！最后祝我的朋友们都能快乐的过好每一天！

别一味地活在他人的眼光里

我们都知道，人无完人。但对于生活，人们却不能以同样的心态面对，我们总是希望生活可以过得更好，总是认为自己可以获得更多，总是苛求生活。而很多不快乐的人，他们痛苦的来源就是"把自己摆错了位置"，总要按照一个不切实际的计划生活，总是希望自己能成为他人眼中完美的人，于是，他们总要跟自己过不去，所以整天郁闷不乐。而快乐的人之所以快乐，就是因为他们能正确地认识自己，从而摆正自己的心态。他们懂得享受生活，懂得把握当下。事实上，我们可以每天做自己喜欢的事情，不在乎表面上的虚荣，凡事淡然，不去苛求，那么，快乐、幸福就会常伴我们左右。

的确，人无完人，追求完美固然是一种积极的人生态度，但如果过分追求完美，而又达不到完美，就必然心生忧虑和自卑。过分追求完美往往得不偿失，还会变得毫无完美可言。

玛乔里说："不要为得到别人的赞美而活着，要为自己感到骄傲，才是真正的人生。惧怕别人看到自己的短处，这不过是一种虚荣心而已。"俗话说："金无足赤，人无完人。"人生确实有很多不完美之处，完美只在理想中存在。生活中的遗憾总会与你的追求相伴，这才是真实的人生。人不应过分地奢求不属于自己的东西，不要让追求完美成为生活中的苦恼。

心理学家说，生活中总有许多事情让人捉摸不透，有些人活着就是为了得到别人的赞赏，太在乎自己的容貌，在乎自己的面子，每天为了穿什么衣服、是否说错了某句话而思考良久，甚至忧心忡忡，这样的人活着很累。他们中的某些人想要掩饰自己的虚荣心理，自欺欺人就成了他们最好的慰藉。为了别人看似的美丽而活，你就已经失去了自己的本色。

现实生活中，我们每个人，都不应该过分苛刻地要求自己，更不要活在别人的眼光中，正如但丁所说的："走自己的路，让别人去说吧。"如果你时时关注自己在他人眼中是否足够完美，那么，你最终会殚精竭虑、身心俱疲。其实，生活的目的在于发现美、创造美、享受美，而一个人不善于发掘生活的闪光点和长处，就难以找到真正的美。

然而，遗憾的是，在这样一个讲究包装的现代社会里，人们常常禁不住羡慕别人美丽、光线的外表，从而对自己的某些欠缺自惭形秽，进而导致了内心的紧张。其实，没有任何一个生命是完美无缺的，每个人都会缺少一些东西。比如，有些夫妻恩爱、收入颇丰，但苦于一直没有孩子；有的年轻女士才貌双全，在情感路上却总是坎坷难行；有的人家财万贯，却被病痛折磨……每个人的生命，都被上苍划了一个缺口，你不想要它，它却如影随形。因此，对于生活中的缺失和不足，你不妨宽心接受，放下无谓的苛求和比较吧，这样反而更能珍惜自己所拥有的一切。

第04章

成就感是变量不是定量，需要你不断进行自我挑战

我们都知道，任何人，只有用自己的突出之处为人生创造价值，他的价值才能最大化，才能不断获得成就感。然而，成就感是一个变量，是随着我们的进步不断推进的，为此，我们一定要让自己每天都取得进步，让不断增长的才干为自己打开成功的大门。看看有哪些突出的才能能够为自己的人生创造奇迹吧，如果没有，就让我们培养几项，让这些不断增长的才干成为自己的核心竞争力，让自己在人生的比赛中胜出。

改变自己，不断接受新事物

人生在世，谁不渴望出人头地？出人头地意味着成功，意味着自身价值的实现，这是成就感的重要来源，但美国成功哲学演说家金·洛恩说过这么一句话："成功不是追求得来的，而是被改变后的自己主动吸引而来的。"我们之所以没有成功，是因为在我们身上存在着许多致命的缺点，如自私、傲慢、急躁、没有明确的人生目标、缺少自信、做事情不脚踏实地、没有耐心等，这些缺点严重制约了我们的发展。只要对自己进行深刻的检讨，采取改进措施，你的精神面貌就会发生巨大的变化，会感觉到自己在一天天地向成功迈进。

改变自己就要学会接受新事物，因为每个人都有着无限的潜能等待开发，只可惜，我们往往限制了自己的心态。科技进步的速度快得惊人，相对也引导着社会各方面的发展，如果你仍一味地沿用旧的思想、旧的做法去做人做事，那就会被社会淘汰。所以千万不要当个死硬派，很多不该再坚持的观念，何苦抓住不放呢？接受新思想，摒弃不适当的旧观念，改造自己，这会成为扩大格局的好起点。

有人会说："我是很想立即改变现状，但周围的大环境就这样，不允许，没办法呀！"他必定是忘了：一个人在面临无法改变的环境的时候，首先要学会改变自己，自己改变了，环境也会随着改变。西方有句谚语："生存决定于改变的能力。"不少人往往是一方面想改变现状，另一方面又害怕承受痛苦，结果把自己弄得既矛盾又挣扎，折腾了一大圈又绕回起点。改变是痛苦的，但是，如果不改变，那将是更大的痛苦。

有人说："不要把赚很多钱当做是你人生最重要的目标。只要你能够成为最好的人，最好的事情也就会发生在你身上。你想要得到一切最美好的事物，你必须把自己变成最好的人。"所以，在失意的时候，不要急着抱怨这个世界不公平，世界从来不会因为某个人的抱怨而改变。不如改变自己来适应环境，如果人是正确的，他的世界就是正确的。

"适者生存，不适者则被淘汰"，这是自然规律，世上的事物时时刻刻都在发生着改变。如果你跟不上社会的步伐，你会被社会抛得越来越远。面对这样的状况，只有改变自己才是出路。许多时候，担心是多余的，欣然地面对现实，勇敢地接受挑战，就会塑造一个"全新的自己"。人生是由一连串的改变形成的。当你的环境、教育、经验、吸收的信息发生变化，你的心理多多少少会产生不同程度的变化。改变就是机会，只要你及时处理，就会有好的机会与开始。而且，唯有良好的自我改变，才是改变事情、改变现状，甚至改变环境的基础。

适者生存，这是人类一切问题的答案。试图让整个世界适应自己，这便是麻烦所在。试图让一切适应自己，这不仅是很幼稚的举动，而且是一种不明智的愚行。想要改变世界很难，而改变自己则较为容易。如果你希望看到自己的世界改变，那么第一个必须改变的就是自己。

想要进步，先要认识到自己的无知

中国人常说，学海无涯苦作舟，这告诉了我们面对知识的海洋，个人的见识是多么的渺小。同样，古希腊大哲学家苏格拉底也告诉我们："智慧意味着自知无知。""知道的越多，才知知道的越少。"他提醒我们：最大的无知就是不知道自己的无知。另外，心理学家认为，个体汲取知识的过程，也是积累成就感的过程，这个世界从不缺少妄自尊大的人，却缺少那些真正意识到自己无知的人。越是有智慧的人，越能看到自己的无知。所以，任何人，要想从进步中获得成就感，就先要认识到自己的无知。

"虚心使人进步，骄傲使人落后"，这句话三岁的小孩子都会说，意思也很好理解，从字面上一看便知。然而，这样再普通不过的道理，生活中能够按照它去做的人却没有几个，大多数人都只是说一说，从来没有想过可以拿它当作一种指导，一种指明我们行为方向的指南针。骄兵必败，自古便是如此。

国内外这样的例子数不胜数，从曾经霸及一时的拿破仑兵败滑铁卢，到楚霸王项羽自刎于乌江，无一不是在用血的例子来验证这句话。正所谓"骄傲自满必翻车"，即使你曾经有过辉煌的成就，也不要轻易骄傲，忍耐一下直到你取得下一次的成功。

有一个博士被分到一家研究所里，成为这个所里学历最高的一个人。有一天他到单位后面的小池塘去看鱼，正好有两个同事在他的一左一右钓鱼。"听说他俩也就是本科学历，有什么好聊的呢？"这么想着，他只是朝两人微微点了点头。不一会儿，一个同事放下钓竿，伸伸懒腰，噌噌噌从水面上如飞似地跑到对面上厕所去了。

博士眼睛睁得都快掉下来了，他心想："水上飘？不会吧？这可是一个池塘啊！"同事上完厕所回来的时候，同样也是噌噌噌地从水上走了回来。"怎么回事？"博士刚才没去打招呼，现在又不好意思去问，自己可是博士生哪！过了一会，博士也内急了。这个池塘两边有围墙，要到对面厕所非得绕10分钟的路，而回单位上又太远，怎么办？博士也不愿意去问同事，憋了半天后，于是也起身想往水里跨，刚好，另外一个同事也准备起身上厕所，他一看，不能失了面子，赶紧在同事前面跨出水面，心想："我就不信这本科学历的人能过的水面，我博士不能过！我还让你不成？"

只听"扑咚"一声，博士栽到了水里。两位同事赶紧将她拉了出来，问他为什么要下水，他反问道："为什么你们可以走过去，而我就掉水里了呢？"两位同事相视一笑，其中一位说："这池塘里有两排木桩子，由于这两天下雨涨水，桩子正好在水面下。我们都知道这木桩的位置，所以可以踩着桩子过去。你不了解情况，怎么也不问一声呢？"

这一幕恰好被在池塘另一端钓鱼的所长看见了，于是博士在当年的单位评级中落选。

博士虽然有高学历，可是他不懂得如何谦虚礼让，在一件小事中闹了一个笑话，更重要的是，这样的细节被上司知道，他也因此丢了晋升的机会。

可见，无论我们有什么样的成就，都不要太把自己当回事。如果你觉得自己功勋卓著、觉得自己伟大，实际上，那是因为你的眼界小，你只是在有限的一点点空间里做比较。一个真正伟大的人，应当能够看得高远，既知道自己在小环境中所处的位置，也能知道自己在大环境下的处境。既能看到现在自己的成功或是不足，也能够预见未来自己的境遇和发展。这才是真正聪明的人应该做的。

的确，人是世界上最聪明的动物，因为人类总是善于向他人学习，学习其先进之处，进而不断变得强大，最终能够掌控世界。但人类最大的弱点也就在于其过于聪明——看清别人，却不能认清自己。我们对事物的某些物理属性一目了然，也总是去追求事物的本质特征，而对自己的本来面目却认不清楚。这是因为我们通常喜欢用眼睛，而不是用心去看待、审视自己，一个人，只有认清自己内心真正想法，经常反躬内省，才会去善待他人。

生活中的人们，应该全方位地审视自己。审视，是一种积极的自我超越，正如每日照镜子一样，没有审视的活着，实际上是对自我存在的极不负责的纵容。当然，全方位审视自己，这不仅包括发现自己的不足，还包括明确自己的优势。相反，一味地吹嘘自己，你可能会暂时获得心灵上的某种满足感，但事实上，你不一定能获得他人的认同，而最为可悲的是，你会因此失去努力的动力。

谦虚使人进步，骄傲使人落后。一个人，只有保持积极进取的心态，承认自己的不足，才能认识到学无止境，才能放开眼界，不断地吸收新的知识。因为一个谦虚的人能学到更多东西。

有所担当，从突破中寻找工作的成就感

身处职场，每个人都有自己的本职工作。作为下属，一般只需要完成领导安排的工作即可，而作为领导，他们则担当着为公司效益和员工利益着想的大任，因此，他们也时常希望下属能为自己分担些工作压力，对于那些不甘于完成本职工作的下属，他们也会投来赞许的目光。而作为下属，我们都要明白一个道理，我们的工作能力是在不断磨练中提高的，接受艰巨的任务便是磨练的机会。

苏妲就职于全球著名软件公司SAP，她是这家公司大家熟悉的王牌销售员，她被誉为"全美最有价值的员工之一"。2000年以来，她每年都为公司带来4000万美元以上的收入，这对于普通人来说简直是一个天文数字。

在她的身上，总是洋溢着热血与活力。她热衷于挑战那些看起来根本不可能完成的任务，她总是对别人说："如果别人

告诉你,那是不可能做到的,你一定要注意,也许这就是你脱颖而出的机会。"正是这种精神,使她成为南美洲和非洲电脑生意当之无愧的女王。

曾经,苏妲想要半导体制造商AMD公司购买他们的软件,她和负责技术采购的首席信息官弗雷德·马普联系,可是,在一个多月的时间里,马普没有回过她一次电话。苏妲不停地给他打电话,最后,马普终于不耐烦了,通过下属明确告诉苏妲:"死心吧,不要再打电话过来了。"

苏妲只好另想办法。她将自己所有的资源和关系网利用起来,看看有没有什么可以突破的地方。最后,她发现,AMD的德国分部曾经购买过SAP的产品。这真是一线希望。苏妲联系到在德国负责这笔生意的销售代表,恳请他帮忙。在苏妲的努力下,这位德国同事找到了AMD在德国的联系人,请他去美国出差时和苏妲见上一面。这次会见,苏妲使出了浑身解数,终于促成了她和马普手下一位IT经理的面谈,这位经理随后将苏妲介绍给了马普。

能够将客户的门敲开,只是在成交过程中的艰难的第一步。征服客户,使客户愿意掏钱购买,是更为关键的一步。苏妲在和马普会面后,认真地聆听了马普对新软件的要求,并向公司作了详细的汇报,和公司的研发部门进行了充分的沟通。她一边电话追踪马普的反应,一边推动公司产品的改进,最终，马普被她打动了。这笔交易，最后的成交额超过了2000万美元。

可以说，苏姐超强的工作能力就是在类似于这种艰巨的销售任务中练就的，而也正是这种能力的获得，让她成为当时全美国最有价值的员工之一，成了一个高标准做事的女工程师。这样的员工，是任何一个领导都会器重和欣赏的。

那么，职场中，面对艰巨的任务时，我们该如何做才能获得成就感呢？

1. 担当重任，更容易脱颖而出

有人说过："没有人能阻止你成为最出色的人，除了你自己。"很多职场成功人士之所以能脱颖而出，就是因为他们在公司和领导最需要自己的时候，敢于站出来，挑战自己，接受那些艰巨的任务。假如人人一遇到高难度的工作就畏首畏尾、害怕失败，那么所有人都会与平庸为伍，在公司里默默无闻。

2. 不要被想象中的困难吓倒

可能你会觉得，既然别人甚至领导都觉得此项任务艰巨，那么，完成的可能性就会很小。但每个人在职业生涯中，都会遇到一些艰巨的、高难度的工作，而你用什么样的态度去对待，就会有什么样的收获。假如你畏首畏尾，那么，你只能注定失败。而假如在高难度的工作面前，你能接下这份工作，并

第04章 成就感是变量不是定量，需要你不断进行自我挑战

尽一切努力去完成，具有这种胆识和魄力的人，将来一定能成为所在行业的佼佼者。另外，对于领导来说，既然已经认识到任务的艰巨，那么，只要你付出了努力，即使没完成任务，他也不会怪罪于你，反而佩服你的勇气。

为此，当你觉得自己有能力去承担某一项艰巨任务时，就不要考虑太多的外在因素，只要心态是正确的，加上有完成任务的实力，那么就要大胆地接受。

3. 尽量做到最好

同样的一份工作，不同的人做到不同的程度。绩效出真知，这就是企业考核员工的标准，为此，我们在接受艰巨的任务时，认为公司领导绝不会批评和责备你就马虎敷衍的心态是决不能有的。在完成任务时，以最高质量要求自己，每一项工作都力求做到最好，这对于企业来说，才是真正有价值的员工。

当然，我们不仅要有接受艰巨的任务的勇气，还要有破釜沉舟的决心。一个真正想成就一番事业的人，志存高远，心态坦然，不会以一时一事的顺利或艰辛为念，也不会为一时的成败所困扰，面对挫折发愤图强，去实现自己的理想，成就功业，这是一种积极的人生态度。

即使身负重压，也要不断进步

现代社会生活节奏越来越快，工作压力越来越大，很多人都倍感压力，甚至产生了力不从心的感觉。然而，无论我们对于生活的感受如何，生活总要继续下去，哪怕是我们自觉心力交瘁，也无法改变生活的任何方面。在这种情况下，很多年轻人因为无法承受巨大的压力，因而决定放弃人生的博弈。其实，人生的失败并不在于被打倒，而是在于主动放弃，这才是真正的失败。

所以，我们需要记住的是，在如今竞争激烈的现代社会，面对压力，我们无论如何也不要为自己找懈怠的理由，而应该勤奋努力，朝更高的目标奋进，要知道，你的成就感就来源于每一次的挑战和目标的达成。

在别人看来，小林是一个苦命的人，他在出生时就被发现是盲人。他的家庭也不富裕，他爸爸是聋哑人，他的奶奶有慢

第04章
成就感是变量不是定量，需要你不断进行自我挑战

性病，妈妈在发现小林有盲疾后就离开了，再也没有回来过。所以，小林从小就没有妈妈，奶奶和聋哑的爸爸抚养他长大。

到了18岁，小林已经成为一个大小伙子了，他很清楚自己不能继续留在家里和爸爸奶奶一起干农活，而要勇敢地挑起家庭的重担，去外面打工挣钱，改变家里贫困的面貌。为此，他带上奶奶四处借来的盘缠，离开家，开始打拼。然而，大城市的生存原本就很艰难，更何况是对于小林这样的盲人呢！小林做过很多工作，吃了很多苦，最终知道盲人按摩在大城市很受欢迎，于是他决定也去学习按摩。他不想成为一个半路出家的按摩师，他把自己的梦想设定为成为正宗的盲人按摩师。为此，他用打工几年辛苦挣到的钱给自己付了学费，从此进入了盲人按摩学校学习。这一学，就是三年。虽然他可以只学习几个月就成为盲人按摩保健师，但是他始终坚持梦想，想要成为一名真正的按摩师。三年之后，他对于人体的筋络都很熟悉，而且按摩的手法也日渐成熟。最终，他到一家按摩店成为按摩师，这一干又是五六年。后来，因为他技法娴熟，力道恰到好处，很多客户都专门点名让他按摩，还有些客户会额外给他一些小费呢！

此时，小林不再满足于给他人打工，而是想要成立属于自己的按摩店。为此，他拿出所有积蓄，租下小小的门店，从几张按摩床开始做起，最终拥有了十几家属于自己的连锁按

心理学与成就感

摩店。

这里，小林如果不是坚持要成为真正的按摩师，而只想着对人生糊弄了事，那么也许他现在还只是一个不入流的按摩师呢！幸好，小林非常坚强，也很有毅力，所以他才能够在实现梦想的道路上从未放弃，最终让自己的人生获得真正的成功。

生活中的人们，可能现在的你每天为生活奔波，生活、工作压得你喘不过气来，你开始抱怨生活、抱怨上司、抱怨家人。而其实，有压力，才有动力，压力带给我们的不仅仅是痛苦和沉重，还能激发我们的潜能和内在激情，让我们的潜能得以开发。如果说，人一生的发展是不易反应的药物，那么压力就是一剂高效的催化剂。它不是鼓励你成功，而是逼迫你成功，让你没有选择不成功的余地。它带给人的，不仅仅是痛苦，更多的是一种对生命潜能的激发，从而催人更加奋进，最终创造出生命的奇迹。

广览世界历史，你会得出这样一个结论——成功者无一不是战胜失败后而获得成功的。事实上，人的意志力是强大的，可能我们对于自己能够变得多么坚强毫无概念，大多数的人能够承受超过我们所认为的压力范围。每一个人的内在都有无限的潜能，但除非你知道它在哪里，并坚持用它，否则它毫无价值。世界著名的大提琴演奏家帕布罗·卡萨尔斯成名之后，仍然每天练习6小时。有人问他为什么还要这么努力,他的回答是"我认为我正在进步之中"。

当然,凡事都有度,我们也要将压力控制在一定的范围内,因为人生就好像一根弦,太松了,弹不出优美的乐曲;太紧了,又容易断裂。唯有松紧合适,才能奏出舒缓且优雅的乐章。适当的压力,不仅是我们成长的必备养分,也是成就我们亮丽人生的重要元素!

每天进步一点点，成就感多一点

我们都知道，任何成果的获得都不是一朝一夕的事，都需要我们坚持不懈地努力，每天进步一点，你就会离成功更近一点，你获得的成就感就多一点，尽管你认为自己现在离目标的实现还很远，但你通过今天的努力，积蓄了明天勇攀高峰的力量。

每天进步一点点，看似没有冲天的气魄，没有诱人的硕果，没有轰动的声势，可事实上，却体现了学习过程中一种求真务实的态度。每天进步一点点，是实现完美人生的最佳路径。

哈佛大学的老师常在课堂上对学生说："成功不是一蹴而就的，如果我们每天都能让自己进步一点点——哪怕是1%的进步，那么还有什么能阻挡得了我们最终走向成功呢？"的确，无论是学习还是追求成功，水滴就能石穿，每天进步一点点，并不是很大的目标，也并不难实现。也许昨天你通过努力学习获得了可喜的成绩，但今天你必须学会超越，超越昨天的你，你才能更加进步，更加充实。人生的每一天都应该充满新鲜的东西。

刚刚升入初三的小羽突然感受到巨大的压力。原来，一直以来小羽都很贪玩，但是初三的压力却使他清楚地意识到自己不能继续玩下去了，只有考上重点高中，才有可能进入名牌大学，由此进入人生的大舞台。小羽可不想因为这一两年的玩耍导致一辈子都难成大事，他想为自己增加一双翅膀，从此展翅翱翔。

如何才能迅速取得进步呢？成绩在班级里处于中下水平的小羽有些摸不着头脑，也貌似找不准方向。思来想去，他决定就从同桌下手。原来，每次考试，同桌的排名都比小羽靠前五六名的样子。小羽认为自己尽管求胜心切，但是心急吃不了热豆腐，也不能急于求成。就这样，尽管小羽的目标是成为班级的尖子生，但是他却先把同桌看成了榜样和对手。经过一个月的刻苦努力之后，在月考中，小羽的名次果然超过了同桌，甚至还比同桌靠前一名呢！这个小小的成功让小羽非常高兴，也因此对自己更有信心了。接下来，他把坐在前排的琳娜定为目标。琳娜的成绩在班级的六十个人中，排名三十左右。如此一来，小羽相当于在下一次考试中还要前进五名。

确定目标之后，小羽继续努力，也因为提高五名并不需要过多的分数,所以他心理上相对也比较轻松。为了尽快提高分数,他先从弱项英语下手,每天早晨都早起背诵英语单词,朗读英语课文,果不其然,英语的上升空间很大,小羽的总分居然上升了八个名次。接下来的时间里,他把目标定位在班级排名二十的小风,只需要再进步两个名次。小羽的目标是精益求精,也许只要少因为粗心错一题,目标就能实现。期中考试时,小羽非常认真细心,居然戒掉了粗心的毛病,如愿以偿地把名次提高了两名。如此不断努力,在中考时,小羽顺利考进班级前五名,进入了梦寐以求的重点高中,也让所有老师同学以及他的父母刮目相看。

毋庸置疑,假如小羽在班级排名四十左右的情况下,想要一步登天地考入前五名,这几乎是不可能实现的,反而还会因此背上巨大的压力,最终导致事与愿违。如此循序渐进,把身边比自己更优秀的同学作为目标去实现,去超越,效果自然事半功倍。此外,小羽还能从一次次的暂时成功中获得信心,从而使自己的提升计划进入良性循环,这也给予了他更大的力量。

其实,不只是学习,我们做任何事何尝不是如此呢?只要我们在进步,就会有所收获,就能体验成就感。

生活中的我们,只要每天进步一点点就已经足够,只要是

第04章
成就感是变量不是定量，需要你不断进行自我挑战

在前进，无论前进多么小的一点都无妨，但一定要比昨天前进一点点。人生也必须每天持续小小的努力，才能有所成就。

  人是善于学习和思考的动物，处于不断变化的社会中，唯一不让自己落伍的方法就是学习。只有学习，才能带来创新，才能更新我们的知识储备，以此来适应更激烈的社会竞争。

  因此，如果你哀叹自己没有能力，只会认真地做事，那么，你应该为你的这种愚拙感到自豪。那些看起来平凡的、不起眼的工作，你却能坚韧不拔地去做、坚持不懈地去做，这种持续的力量才是事业成功的最重要基石，才体现了人生的价值，才是真正的能力。

  当然，在坚持的过程中，你可能也会遇到一些压力和困难，但我们要明白的是，任何危机下都存在着转机，只要我们抱着一颗感恩的心耐心等待，再坚持一下，也许转机就在下一秒。

敢于直面挑战,你的人生早晚风生水起

现实生活中,很多人都想要出类拔萃、卓尔不群,然而面对人生的很多境遇,或者是危机和考验,甚至是机遇,他们总是选择逃避。不得不说,这是畏缩的应对方式,根本无法帮助人获得成长。常言道,人生不如意十之八九,这就告诉我们人生的常态是不如意,也是坎坷和挫折。既然如此,我们就要非常努力地去面对人生,而不能一味地逃避,否则就会人生的主动权,也会在人生之中面对更多的困境和无奈的局面。

有人说,既然哭着也是一天,笑着也是一天,为何不笑着度过人生的每一天呢?的确如此,如果有选择的权利,一定要笑着度过人生的每一天,这才是更加积极主动的人生姿态。同样的道理,面对人生的很多困境,既然勇敢面对也是解决问题,逃避畏缩也依然要被动地解决问题,为何不能选择勇敢地接受挑战呢?至少这样还可以占据主动权,也还可以在前进的过程中把每一件事情都做得更好,让人生变得更加精彩。唯

有如此，我们才能不断体验成就感，我们的人生才会充实有意义，未来才会值得憧憬和期待。

安德鲁·卡内基是美国大名鼎鼎的钢铁大王，把钢铁产业打造得很大，经营得风生水起。当然，卡内基只凭一己之力是很难做到这么好的，他还有很多得力干将。施瓦伯就是卡内基的一个得力助手，正是因为他的全力配合，帮助卡内基经营、管理工厂，才让卡内基的事业发展得更好。

有一天，一位经理来到施瓦伯的办公室对施瓦伯说："我真的不知道要怎么做才能提升工人的效率。我使出了浑身解数，如赞美他们、激励他们，甚至还自掏腰包给他们设定不同等级的奖金，有的时候也因为恼火而扬言要辞退他们，但他们就是一如既往、不为所动，继续这样懒散地面对工作。我的部门总是无法按时按成任务，对此我表示无能为力。"在听完经理喋喋不休的抱怨之后，施瓦伯什么都没有说，而是当即起身去了这个经理所在的部门车间。施瓦伯问正在当班的工人："你们这一班的产量是几台？"工人回道："6台。"施瓦伯找到每天写通告的黑板，这个黑板被放在醒目的位置，每个工人来上班的时候都会先看一看黑板上是否有需要注意的通知。施瓦伯拿起粉笔，用力地在黑板上写下"6"。等到这个小组的人下班，另一个小组来上班的时候，看到黑板上重重写下的

"6",马上询问上一班还没有走的同事:"6是什么意思?"同事说:"6就是我们生产了6台,是不是很厉害!"接班的工人不以为然:"切,6台也没有很厉害!"接班的工人为了赶超之前的同事,在一个班次的时间里非常努力,居然生产出来7台。为此,他们把6擦掉,在黑板上重重地写下7,而且把7描得又粗又黑。

就这样,两个小组的人轮流上班,每次来到班上的时候,他们都会看一看上一组的产量,为了不输给对方,他们始终全力以赴地生产,努力地赶超对方。让经理万万想不到的是,原本工人对于工作上的固定任务都不能按时完成,如今居然把效率提升了一倍之多,速度最快的生产小组已经达到一个班次生产12台机器。经理高兴地把工人的改变告诉施瓦伯,施瓦伯对经理说:"这就是挑战的魅力!"

每个人都有争强好胜的心理,他们非常愿意在与他人相处的过程中一争高下,尤其是那些本来就在工作上、学习上存在竞争关系的人,更是不甘心落在竞争对手的后面。其实,施瓦伯并没有做什么实质性的事情,只是以一个数字激发起工人的挑战和竞争意识。

现实生活中,每个人都有很多机会面临挑战。当挑战来临的时候,是选择放弃,还是选择勇敢地面对,这是每个人截然不同的态度，也决定了每个人在处理具体事情的时候会获得不同的结果。在如今的职场上，竞争越来越激烈，每个人面临的挑战越来越大，但是不要放弃，只有勇敢地突破和超越自己，成就更加优秀和伟大的自己，我们才能真正地实现对命运的挑战。很多人喜欢看奥运会，那么一定知道那些运动员之所以能够在体育运动的项目中不断地突破和超越自我，就是因为他们很善于挑战世界纪录的保持者，也很善于挑战自己。正是因为有这种不断地攀登人生高峰的精神和勇气，他们才能发扬体育精神，不断地奋发向上，努力地追求和进取！

心理学与成就感

直面竞争，体验赢的成就感

　　这个社会是个竞争的社会，谁也无法逃避竞争，实际上，只要我们敢于直面竞争，并赢得胜利，我们便能从中体验成就感。反过来，成就感也是激励我们不断进步的动力。不过，一个人是否有竞争力决定着他在这个社会上处于什么样的位置。一个人是否有竞争力是由他自身的勤奋程度、危机意识、好奇心和定力来决定的。如果不注意这些，一个即使现在能力很强大的人，也会被时间淘汰，变得毫无价值，毫无竞争力。

　　一个年轻人在他的同龄人之间是否有竞争力，一部分取决于他的学历——这不可否认，因为学历代表着你过去付出了多少努力，也因为学历代表着你的理解阅读能力。一个企业中不同学历的人往往处于不同位置，这是社会现实，否认它没有任何意义。当然这是很多人一旦走上社会就无法改变的一部分，就算能够改变可能也会花费很多的时间和精力。另一部分则取决于自身的努力，自身的努力能够改变很多事情，只有明白你的核心竞争力在哪里，你才可能取得人生的决定性胜利。

怎样加强一个人的竞争力？应该是因人而异的，每一个人都有不同的天赋，这是人为修炼所不能改变的。就像有的人打麻醉剂无效一样，最重要的就是找出上帝赋予你的那项天赋，并加强修炼这部分的内容，塑造你的核心竞争力。怎样寻找出这部分内容呢？有时我们觉得一个人特别容易和人交往，交际能力特别好，可是他自己却不觉得自己有异于他人的禀赋，只觉得很平常。一个人的优点往往是别人才能察觉到的，所以这时候，你就需要征求周围人的意见，并特别注意自己适合做哪方面的事，事实上，我们进行教育，设置那么多课程的目的就在于此。

通常情况下，我们要注意自己在以下几个方面的能力，如果你能够在这些方面努力，并且注意训练，就可能比别人高出一筹，比别人更有竞争力。

1. 学习力

学历只能代表过去，学习能力才能决定将来，我们生存的社会是一个信息更迭十分迅速的社会，如果你学习能力强，就代表你能迅速接受和消化外界的信息，并迅速形成自己的认知和能力，这样的头脑才能跟上时代的步伐，这样的人才能在竞争中胜出，学习能力强的人更适合在信息行业、IT行业工作。

2. 创造力

不可否认，创造力一部分是天生的，确实有不少人天生就有创意，能够整合自己的想法，形成创新。当然，这与想象力也有关，但绝不只能靠想象力，如果你总对事物有新的想法。新的观点，有很多"鬼点子"，那说明你的创造力很不错，这样的人适合在广告业等行业生存。

3. 分析推理能力

逻辑清晰、思维严谨、推理能力强的人，更适合在数理化和自然科学研究方面发展。

4. 财商和情商

这两者不可分割，尤其是到了人生的后半段，几乎是人脉决定了你能赚多少钱，成为怎样的成功人物。这个社会，赚钱已经不仅仅是拥有赚钱的眼光那么简单，有更多的人脉决定了你可以让资本运转更快。

5. 影响力

一个人有怎样的影响力，常常取决于他的自信、自强和挑战精神以及社会责任感，有些人天生就具备领袖气质，他们能迅速聚拢人气、获得他人的认同和敬畏并感染别人，进而影响他人的心理和行为。

当你明确了自己在哪些方面有优势，就应该不断在你的优势方面加以训练，把它变成你的核心竞争力，这样才能在你所在的领域保持更强的优势，更强的竞争力。

　　保持竞争力的方法可以有很多种，勤奋修炼只不过是其中的一种。如果想一直在某个领域处于领先地位，就要有一定的好奇心和危机意识。好奇心让我们探索更多解决事情的方法，让我们对新方法、新事物、新信息保持最敏锐的触感，让我们不断探索钻研。危机意识，让我们保持警惕，不会怠惰，能够"生于忧患"，时刻保持警醒就等于保持我们竞争的状态，有竞争意识的人将不会落在社会的后面。

　　竞争力是年轻人的一个强项，青春就是资本，只要敢于挑战，就能拥有最强的竞争力，在社会中拥有自己的一席之位。

第05章

有趣的灵魂,能在自己的世界里成就自我

生活中,人们常常提到"有趣的灵魂"这个词语,那么,什么是有趣的灵魂呢?它指的是一个人可以沉浸在自己的小世界中,不会害怕孤独寂寞,即使自己一个人,也能自得其乐。这样的人深谙世俗却并不世俗,尊重他人感受,能够为别人带来欢乐,拥有强大的人格魅力。关于灵魂有趣的定义,每个人都不同,但是无论如何,这样的人都能从自己当下的活动中体验成就感和幸福感,从心理学的角度看,这是一种自我的实现。实际上,我们每个人都是独立的个体,都应该以自己的方式追求自我,实现自己的人生价值,获得成就。

做自己喜欢的事，人生才会鲜活有趣

有人说，人生就是一个不断选择的过程，平庸与精彩，完全不同的生活，截然相反的人生，人生的归宿，完全是你自己选择的方向。选择不同，结果不同，人生也不相同。而有趣的人生，就是一个按照自己的喜好选择的结果。

的确，人生短暂，须臾即逝，我们赤条条地来到这个世界，最后也要赤条条地离开，曾经生活过的、追求过的、创造过的，都无法跟随自己到另一个世界。人唯一能做的，就是在当时当刻，以最快乐的心情，做自己喜欢做的事，享受当下的每一分每一秒。

日本著名的漫画家手冢治虫，从小就对漫画有浓厚的兴趣，5岁就开始画漫画。每当母亲拿到父亲的收入时，总是先给他书本费，其中就包括了买漫画书的钱。渐渐地，家中的漫画越来越多，达到了两百多册，并占据了他房间的大部分空间。

五年级的时候，手冢画了一册漫画给同学们传看，被老师没收了。后来，老师又将漫画还给了心惊胆战的手冢，并告诉他："喜欢画什么就画吧，你画的不错。"

手冢拥有医学博士的学位，但他对医学并不感兴趣，也不想从事这方面的工作。他将自己的苦恼告诉了母亲，母亲告诉他："做漫画家吧，因为这是你的兴趣所在。"

果然，从事了自己喜欢的事业之后，手冢不再苦恼了，工作起来也很有干劲。他一生创作的漫画作品达15万页之多，甚至还曾同时执笔13部漫画作品连载，每天的睡眠时间不足4小时。巨大的工作量，不仅没有让他感到疲惫，反而让他越来越有精神，因为，做自己想做的事，无时无刻不是快乐的。

纵观古今中外，有成就的人大多从事的是自己喜欢的工作。朗朗开心地弹着自己喜欢的钢琴，成功地在国际乐坛上掀起了一股"郎朗旋风"；爱迪生在自己钟爱的科学国度里驰骋，发明了震撼世界的电灯；巴尔扎克在自己饶有兴趣的文学领域笔耕不辍，最终成了一代文学巨匠。

人只要活着，就要做事，人生的过程可以说就是一个做事的过程。但做事与做事之间不一样，有些事是你喜欢做的，有些事是你不喜欢做的。喜欢做的事，你做起来会很主动、很卖力，不喜欢做的事，你做起来就缺乏激情，总感觉是一种负担。不过，也正是因为这样的区别，才能把幸福和不幸区分开来。

有的年轻人说："人生有太多的身不由己，很多事，是你无法改变的，我们只能学着去适应。"的确，人生有很多的无可奈何，不是你想改变就能改变的，可人生还有很多事，是你明明可以改变，却不曾尝试着去做的。如果生活只是你糊口的工具，那从事自己喜欢的职业，你就没办法生活下去了吗？

智者说："人生好似一个布袋，等扎上口的时候才发现，里面装的都是遗憾，还有许多没来得及做的事。"不能做自己想做的事，这样压抑的人生，处处都是流血的伤口，而治疗的办法，就是诚实面对心中所想，随着自己的心走，做自己喜欢做的事。

从心理学的角度来说，当一个人在做与自己兴趣有关的事情，从事自己所喜爱的职业时，他的心情是愉悦的，态度是积极的，而且他也很有可能在自己感兴趣的领域里发挥最大的才能，创造出最佳的成绩。

其实，大部分人都可以明确自己的兴趣爱好，不过真正地坚持下来且在某个领域里脱颖而出，并非易事。以下几点建议送给大家：首先，那些社会、家人和朋友们都认可或看重的事情，或许并非是你的爱好，毕竟兴趣是你自己喜欢的事情；其次，不要简单地认为有趣的事情就是自己的爱好，而需要作出认真的分析，比如大多数人喜欢玩游戏，但并不意味着每个人都会从事游戏开发工作；最后，不要在一些误以为感兴趣的事情上发掘自己的天赋，而是寻找自身天赋与兴趣的最佳结合点。如果你渴望成为模特和歌手，但自己身材高挑、却五音不全，那么我建议你努力成为一名模特。

乔治·华盛顿起初不过是个验货员，威廉·萨默塞特·毛姆写作前读的是医学，最终他们都找到了自己感兴趣且能发挥自己极致潜能的事业，一举走向成功。这些成功者以亲身经历告诉我们，一个人也可以同时拥有很多兴趣。兴趣是可以适当改变的，没有必要把某个兴趣当做自己最后的目标，也不要随意放弃自己的兴趣。

学会开阔自己的视野，接触一些新鲜的领域，说不定你的兴趣就在于此。所以，请不要因为自己外在的条件而被动选择人生，也别因为暂时的迷茫而对其他事情感到毫无兴趣。努力去尝试，只要你自己喜欢，哪怕你已经到了80岁的年纪，哪怕你才开始，一旦你选择了做自己喜欢的事情，就会将内在的潜能发挥到极致。

经常开开玩笑，谁都喜欢有趣的人

幽默是语言的艺术，也是制造快乐的艺术，幽默能够引发喜悦，给人们带来欢乐，使别人获得精神上的快感，我们与幽默的人相处会感到愉快，因为他们很有趣，并且喜欢开玩笑，而与缺乏幽默感的人相处，则是一种负担。因此，与人交往之中，如果你希望从良性的人际关系中获得成就感，不妨多开开玩笑，尝试着做个幽默的人，让他人觉得你很有趣，进而愿意与你交流和沟通。

从某种意义上来说，培养自己的幽默感，也就是培养自己的处世、生存和创造的能力。有较强生存能力的人，通常也是一个有影响力和感染力的人。幽默像是击石产生的火花，是瞬间的灵思，所以必须要有高度的反应与机智，才能发出幽默的语句。幽默可能化解尴尬的场面，也可能作为不露骨的自卫与反击，但更重要的还是让你赢得了他人的好感。

张大千是我国现代著名的画家,他颌下留长须,讲话诙谐幽默。

一天,他与友人共饮,座中谈笑话,都是嘲弄长胡子的。张大千默默不语,等大家讲完,他清了清嗓子,也说了一个关于胡子的故事。

三国时期,关羽的儿子关兴和张飞的儿子张苞随刘备率师讨伐吴国。他们两个为父报仇心切,都争当先锋,却使刘备左右为难。没办法,他只好出题说:"你们比一比,各自说出自己父亲生前的功绩,谁父功大谁就当先锋。"

张苞一听,不假思索顺口说道:"我父亲当年三战吕布,喝断坝桥,夜战马超,鞭打督邮,义释严颜。"

轮到关兴,他心里一急,加上口吃,半天才说了一句:"我父五缕长髯……"就再也说不下去。

这时,关羽显圣,立在云端上,听了儿子这句话,气得凤眼圆睁,大声骂道:"你这不孝之子,老子生前过五关斩六将之事你不讲,却专在老子的胡子上做文章!"

在座的无不大笑。

张大千巧妙地套用了关于胡子的幽默故事,不仅使自己摆脱了困境、反击了友人善意的嘲弄,更多的是博得了大家一笑,也使所有宾客都从心底里佩服他的风趣幽默。可见,张大千先生的幽默水平已到了可以任意发挥的程度。

一个具有幽默感的人，他最大的魅力不只是谈吐风趣，他还懂得用幽默或幽默感，来增进与他人的关系，并改善自己的人格和品质。

营销讲师金克言先生在一次有近千名观众参加的演讲会上准备演讲，可台下只响起了稀稀拉拉的掌声。于是他说："从大家的掌声中可以发现两个问题：第一，大家不认识我；第二，大家对我的长相可能不太满意。"这几句话缩短了与听众的距离。台下大笑，掌声一片，反应强烈多了。他接着说："大家的掌声再次证明了我的观点！"话音刚落，台下笑得更厉害了，又是一阵热烈的掌声。这个开场白既活跃了场上气氛，又沟通了演讲者与听众的心理，一箭双雕，堪称一绝。

然而，一些管理者可能认为，开自己的玩笑是一件没面子的事，其实不然，敢于拿自己开涮的人才能彰显更谦逊的人生态度，才更易获得下属支持。

幽默感是一种能力，是理解别人的幽默和表现自己的幽默的能力。幽默是一种艺术，具有幽默感的人，生活中充满了情趣，许多令人痛苦烦恼的事他们却应付得轻松自如。

因此，如果你想在与人交往时给人留下一个良好的印象，就要善于运用幽默的力量。无论是在别人家做客，还是在自己家待客，充满幽默的言谈气氛相信是我们每个人都需要的，当你走入室内，就要将你的幽默表现出来。一个面带怒容或神情抑郁的人，永远都比不上一个面带笑容或幽默的人。

在这个竞争越来越激烈的社会，幽默感对我们来说显得越来越重要了，因为它不仅能为严肃凝滞的气氛带来活力，更显示了高度的智慧、自信与适应环境的能力。如果你确实想成为一个具有幽默感的人，千万不要假冒幽默，而应该努力培养你的悟性，使你无论到什么地方，都备受欢迎。

不过，你需要记住的是：开玩笑，并不是不分场合的，否则，不仅玩笑达不到效果，可能还会招致别人的反感。

另外，开玩笑也应该多考虑他人的感受，对于他人的生理缺陷，是不能拿来开玩笑的，这是在故意揭别人的"伤疤"，把自己的快乐建立在别人痛苦的基础之上。要知道，恶作剧可能会导致意外，但并不是所有人都能接受你的恶作剧，如果玩笑可能刺伤在座的任何一个人的话，你还是不要说出来的好。因为受到伤害的人会因为别人的笑声，内心更为痛苦，甚至对你产生怨恨。

撕掉虚伪的面具，保持率真的心态

生活中，相信很多人经常看电视或者电影，我们发现，那些演技精湛的演员，都会做到让自己融入角色，然后袒露自己的真实感受，进而打动观众；相反，那些演技浮夸、刻意表现的演员，会让观众感到不屑。不只如此，我们发现，人际交往中，那些受人欢迎的人，他们毫不矫揉造作，言语中，他们透露的是真诚，是对话题的热情，对方也会被他们感染，从而愿意与他们结交。

生活中的人们，也应保持率真的心态，即使是小小的喜悦之情，也应表达出来。这才是真实的你，真实的人生。

一天，因为单位某同事喜得贵子，小王和单位其他同事们一起前来道贺。来到同事的家，小王环顾了一下，发现同事的家布置得十分温暖，尤其是悬挂着的那些花花草草，为整个家增添了几分情致。

正当小王观赏之时，同事说："这几盆花草有真有假，你们看出来了吗？"

"我怎么没有看出来呢？"另外一个同事反问道。

"谁能不用手去摸，不靠近用鼻子闻，在五米以外准确地指出真假，我就送给谁一盆郁金香。"主人有些得意地说。

听到主人的话，大家都兴致勃勃地仔细观察起来。只见眼前的几个盆栽，都长得极为茂盛，看起来个个碧绿如玉，青翠欲滴。乍看之下，真是分不出真假，可是用心观察，你还是能发现其中的不同。小王偶然发现有三盆花依稀能够找到枯萎的残叶，有的叶片上还有淡淡的焦黄，显示出新陈代谢和风雨侵袭的痕迹。可是另外两盆，绿得鲜艳，红得灿烂，没有一片赘叶，没有一丝杂草，更没有一根枯藤。一切都是精心设计、精心制造的结果，它们显得完美无缺。看着它们，似乎这完美的东西远不如那些夹杂着残枝败叶的新绿更令人愉快。

有人说，人生原本就是极为真实、简单的，且存在不可避免的缺陷，有些人对完美生活的幻想超出了生活本身，刻意装点的生活，就如那盆假花一样，虽然看起来很精致，但总会缺乏生气，缺少生命经历过的真实。如果时时都是如此的心境，事事都是如此的状态，生活的一切虽看似华丽或精细，但它始终缺少灵魂的寄托。

的确，浇树浇根，交友交心，人际交往中，我们若想交到真正的朋友，获得他人的信任和支持，我们首先要做到的就是对他人敞开心扉，而不能以面具示人。我们发现，那些人际关系良好、和朋友相处融洽的人，无不是做人坦诚者。因为只有坦诚才能获得信任，这才是真正意义上的"以心交心"。尤其在与陌生人的交往中，主动交往、坦承自己的感受往往更能带动对方参与交往。

可见，如果我们想掌握交际的主动权，就应该迈出交际的第一步，大胆地与人交流，并以诚待人，具体来说，我们需要做到以下几点。

1. 找出交往的契机，主动伸出友谊之手

并非所有的人都是善谈的，有的人沉默寡言，虽然有交谈的欲望，却不知从何谈起。这就需要你改变态度，率先向对方发出友好信号，激起对方的谈话欲望，以达到交流的目的。

2. 发挥微笑的魅力

俗话说得好，伸手不打笑脸人。对于别人善意的微笑，我们怎么能拒绝呢？卡耐基说，笑容能照亮所有看到它的人，像穿过乌云的太阳，带给人们温暖。行动比言语更具有力量，微笑表示的是"我喜欢你，你使我快乐，我很高兴见到你"。交际中，我们对他人多报以微笑，就会让对方被我们的善意和热情所打动，久而久之，他们也会对我们回以微笑。

3. 以真诚打动人心

与人交往，贵在"诚"字，用诚心和热心才能打动他人。而热的心是首要的，热的态度如关心对方、见面打招呼、买些小东西、参加大伙活动、写些小卡片等都是方法。此外，还有最重要的一点便是，要想得到他人的认可，必须得首先主动敞开自己的心怀。从一开始就要讲真话、实话，不遮遮掩掩、吞吞吐吐，要以你的坦率获得他人的好感和爱戴。

总之，我们应该明白，每个人在生活中都有自己的位置，每个人都扮演着不同的角色。在自己的世界里，我们是主角，在别人的世界里我们也许只是龙套。我们任何人都要活出真正的自己，坦然面对生活给予的一切，不要让苛求完美的心，使生活失去原本的真实。

第05章
有趣的灵魂，能在自己的世界里成就自我

按照你自己的方式生活，你就会有成就感

生活中的人们，我们每天从一睁眼开始，就在与这个世界相处，与周围的人相处，我们都在努力进入他人的世界，试图获得他人的认同，很少有人会刻意学着与自己相处。而正因如此，我们才更容易迷失自己。事实上，我们每个人都应该诚实面对自己的内心，与自己对话，也就是进入自己的世界，按照自己喜欢的方式生活，这样方能活得肆意洒脱、感受到成就感。

要想做到走自己的路，首先要修炼自己的内心。人是群居动物，遇到事情的时候总是喜欢三三两两地讨论，或者发表自己的看法。在这种情况下，如果你过于在意别人说什么，自己的内心就会感到困扰。当然，这句话的意思并非是让我们固执己见。归根结底，别人提出的正确的意见或者建议，我们可以根据现实情况适当调整。然而，如果仅仅是观念不同导致的，则没有必要打乱自己的步伐，最终一事无成。为人处事，应该

淡定平和。只要尊重自己的内心，不违背社会公德和秩序，我们无须逢迎他人。常言道，鞋子合不合脚，只有自己才知道。对于发生在自己身上的事情，怎么做才是最好的，也只有自己才知道。

很久以前，一对父子想把家里的驴子卖掉。于是，他们在喂饱毛驴后，就牵着毛驴来到某个村里。

村民们看到他们，指指点点地说："这俩人肯定是傻子吧，要不为什么牵着驴，不知道骑呢！"

听到村民的话，父亲纵身一跃，骑到驴背上，继续赶路。儿子呢，走在前面牵着驴，继续慢慢地走着。

又过了不一会儿，他们又来到另外一个村子。

几个村民围过来说："真不知道这个孩子是不是亲生的！你看看，世界上居然有人这么当爸爸。他骑着驴倒是很舒服，就是孩子跟着走，可累坏了。他一点儿都不心疼呢，真是个狠心的人！"听到大家的指责，爸爸面红耳赤，赶紧跳下来，把儿子托举着，骑到驴背上。

他们的家距离集市比较远，要穿过好几个村庄。父亲牵着驴，儿子骑着驴，走得汗流浃背。

很快，他们就又来到了第三个村子。此时已经是晌午了，年轻人都去地里干活了，街道上只有老人站着闲聊，一些老人看到这对父子,很气愤。他们指着儿子破口大骂:"你们看看这个不孝子,年轻力壮的骑在驴背上偷懒,却让年纪大的老父亲跟着走,这是什么世道啊!"父亲又听到了老人们的骂声,思来想去,他决定也骑到驴背上。他心想,这样大家就无话可说了,等到走出村庄,看到四周没人,父亲便也骑到驴背上。

这头小毛驴还不够强壮,驮着父子俩,累得吭哧吭哧的。他们不停地吆喝着小毛驴往前走,生怕遇到什么人再说些不中听的话。

真是怕什么来什么,刚刚走了几步,一个年迈的老者迎面走了过来,看到小毛驴累得气喘吁吁,他毫不客气地指着父子俩大骂起来:"庄稼人都拿牲口当命根子,你们父子俩倒好,手脚健全的,居然不走路,来折腾这小毛驴,这小毛驴投胎到你们家真是瞎了眼,它这么累,要不了多久就会累死了。"

被老者一通教训后,父亲和儿子灰溜溜地从驴背上跳下来,再次牵着毛驴往前走。走着走着,父亲突然觉得不对劲,心想:"我们刚刚出门的时候就是牵着毛驴的呀,结果被人家骂作傻瓜。现在可不能再这样走了,要不然还得挨骂。"

现在怎么办?父亲和儿子一番商量后,决定抬着毛驴走,这样,其他人即使看到了,也没有理由再骂他们了。想到就做,父亲当即去找了一根树干当扁担,又找了些麻绳,把小毛驴结结实实地捆绑起来,四脚朝天地抬着往集市走去。

父子俩累得气喘吁吁，一直往前走，终于到了集市上，集市两边道路上的生意人看到这对父子累得上气不接下气的样子，又看到毛驴是活的，不由得哈哈大笑。他们笑着喊道："快来看啊，天底下绝无仅有的傻瓜啊！活着的小毛驴，不牵着走赶着走骑着走，居然抬着走。大家都来看，这对抬驴的大傻瓜！"

在人们的嘲笑声中，父子俩顿时不知所措了，一时慌了神，又因为本身体力不支，身体一摇晃，差点摔倒，而小毛驴受惊过度，也挣扎起来，最终，父子俩抬着驴"噗通"一声掉进了河里。

在这个事例中，父子俩之所以如此狼狈，就是因为他们没有自己的主见，不管人们说什么，都不假思索地照着去做。假如他们能够坚定不移地按照自己的想法去做，不在乎别人说什么，那么不管是牵着驴、赶着驴还是骑着驴，最终一定能够安然无恙地来到集市，卖掉小毛驴。最可笑的是，虽然他们不断地按照他人的评论去调整，最终还是难免被人骂作世界上绝无仅有的大傻瓜。

一个人若总是过分在意他人的目光，他就会以他人心目中的标准来要求自己，他们很担心自己不能让所有的人满意，害怕在做错一件事之后受到大家的责备。即便没有人会在意，但他的内心已经背负了沉重的包袱，因为太过较真，所以活得很累。

总之，如果一个人总是按照他人的标准来生活的话，那么，再平坦的路也会让他感到身心疲惫，最终，他会因为不堪生活的压力而走上不归路。其实，我们最应该做的是进入自己的世界，按照自己喜欢的方式生活，活出属于自己的精彩，最终成为你自己。

自由的灵魂首先来自精神独立

心理学家称，一人要想真正成为一个自由的人，首先就要在精神上独立，戴尔·卡耐基曾说，一个人心灵成熟的过程，就是一个不断发现和挖掘自我的过程。要知道，无论是谁，了解自己都是了解他人和了解世界的前提。这正如苏格拉底告诉我们的："了解自己就是智慧的开端。"所以，在这里我们可以总结出，"你是独一无二的"这句话是现代人对古代人智慧的一种新诠释。

所以，无论做人还是做事，都要靠自己，要有自己的主见，不能凡事都随大流，碰到挫折便畏缩不前，更不能盲目地听从别人，一味地依赖别人，违背自己的人格，失去了做人的主体意识而成为奴隶，这样活着有什么意义，有何价值呢？

一个人在屋檐下躲雨，突然看见远处走来了一位撑着伞的禅师，因此，他大声喊道："禅师！佛法讲求普度众生，你可以度我一程吗？"禅师说："我走在雨里，你躲在屋檐下，我被雨包围着，而你藏身的屋檐下却根本没有雨，你又何需我度你呢？"

听到禅师这么说，那个人赶紧走出屋檐，站在雨里，说："您看，我现在也在雨里了，如今，你可以度我了吧？"禅师还是说："我依然不能度你！"那个人疑惑不解地问道："刚才我在屋檐下你不度我，现在我在雨里，你为什么还是不度我呢？"禅师说："此时此刻，咱们俩的处境是一样的，即都在雨中。唯一的区别在于我带伞了，而你没有带伞，所以我没有淋雨，而你却淋雨了。确切地说，我之所以没有淋雨，是以为伞度我，因此，我根本无法度你。假如你想找人度你，那么，你根本不必找我，正确的做法是找伞！"

虽然那个人被大雨淋得浑身都湿透了，但是，直到最后，禅师也没有度他。

那人忿忿不平地说："既然不愿意度我，就应该早点儿说明。绕了这么大一个圈子，是故意想让我淋雨吧。人们都说佛法讲求'普度众生'，我看佛法是'专度自己'！"

禅师听了，丝毫没有生气，而是平心静气地说："想要不淋雨，出门的时候就要记得自己带伞。有的人总是想依赖别人，即使看到天马上就下雨了，也不带伞，一心只想着别人肯定会带伞，肯定会有人帮助他，实际上，这种想法是最害人的。如果一个人不依靠自己的努力，而一心只想着依赖别人，到头来终将毫无所得。实际上，真正悟道的人是不会被外物干扰的。人生来就有自性，只是有的人因为平日不去寻找，所以还没有找到而已。如果自己不做任何努力，只把眼光放在别人身上，想依靠别人成功，那简直是不可能的。"

以上事例说明了一个道理，过分地依赖别人，必将使自己在面对困境的时候手足无措。任何时候，人都应该靠自己，只有这样，才能使自己从容地面对人生的风风雨雨。

其实，人生就是一个过程，是一个历练自己、成就自己的过程。不经一番寒彻骨，哪得梅花扑鼻香。在生活中，我们要依靠自己，自立自强。如果过分依赖别人，轻则被别人釜底抽薪，重则被别人利用，不管是哪一种后果，都是我们不愿意看到的。

总之，我们要做个有自信、有主见的人，要有自己的思想和决断，不要总是依赖别人，只有这样，才能获得事业、爱情以及人生的成功。

善良为人，永远用纯真的眼睛看世界

中国人常说，"人之初，性本善"，这句话并不只是说人的本性是善良的，更是告诫生活中的每一个人都要心存善念。帮助他人有时候并不是为了回报，而是让内心安宁，这种安宁其实也是我们所说的成就感，是人性需求的高级层次。

善良的品质不是人人都具有的，但人人都能感受得到它的存在。善良不是人们与生俱来的，但却是能够在净化自我心灵的过程中得到升华的人格成分。哲人说，善良是爱开出的花。善良是心地纯洁、没有恶意，是看到别人需要帮助时毫不犹豫地伸出自己的援助之手。

小陈是一位医生，开了家自己的诊所，从读书时代开始，他就将"无愧于心"视为自己的座右铭。当他走入社会后，他更是将此融入他的职业规划中，并以此为职业操守。

一天夜里，他的诊所被小偷"光顾"了，而慌乱中，小偷不慎摔断了大腿骨，想跑也跑不了。这时，小陈和助手从楼上下来，助手说："打电话让警察把他带走吧！"

而小陈则拒绝，赶紧说："不，在我的诊所，病人不能这样出去！"然后，他让助手协助自己连夜给小偷做了手术，并打上石膏绷带。所有治疗工作完成后，小陈将小偷交给警察。

助手问："他是来偷东西的，你干嘛还给他治疗？"

而小陈回答说："救死扶伤是医生的天职，不管怎么样，我要做到无愧于心。"

他告诉助手，小偷偷东西固然不对，但从他受伤那刻开始，他就是一名病人了，医生不给病人治病，算什么医生呢？

这里，小陈是一个负责任的医生生，他忠实地履行了一个医生的职责，也反映出他高尚的人格魅力，更是他"无愧于心"座右铭的真实践行。

善良是人类与生俱来的本性。的确，人的内心充满至深至纯的幸福感，不是在满足自我，而是在满足了"他人"的时候，自己的成就感也得到了满足。

生活中的人们，当遇到需要帮助的人的时候，你是否愿意停下来为他们想想办法？或许在不经意间，受帮助的不仅是别人，还有你自己——爱加上智慧原来是能够产生奇迹的。其实任何一次助人行为，都是完善自我、实现自我价值的机会。然而，一个人若想真正做到内心无私地对他人付出，首先就必须要具备善心。

在美国，有个叫亨利的著名作家，一次，他的侄子来他家做客，他们谈到了善良这个话题。

他问自己的侄子："你知道什么是善良吗？"

侄子点点头，说："我知道，可是我不知道怎么表达。"

亨利微笑了一下，然后继续问，说："你知道什么是人生中最宝贵的东西吗？"

侄子说自己知道，人生宝贵的东西有很多，比如金钱。

听到侄子这么说，亨利摇了摇头，最后说道："在人的一生中，有三种东西是最宝贵的，第一是善良，第二是善良，第三还是善良。"

善良是什么？善良就是一种无私的付出，与人为善是人类永恒不变的天性。

当然，为他人付出并不是停留在口头上，而是要付诸实践的。平时人们都说德行，何为德？何为行？德是个人的高尚情操，是先天品赋，但并非所有的人生下来就具备了好的品性，故需要后天扎扎实实地修养，也就是行。所以德需要行，才能为善，不然的话，德就是一个空洞的东西，未能为善的德只能是伪善。行是行为，善是无私，行为的无私就是行善，积德是行善的必然结果，与对方没有关系，利于别人的行为与思想就是善！

另外，为他人付出要从生活细节中做起。勿以恶小而为之，勿以善小而不为。

一位智者曾经说过：善良是一种远见，一种自信，一种精神，一种智慧，一种以逸待劳的沉稳，一种快乐与达观……只要我们自己本身是善良的，我们的心情就会像天空一样清爽，像山泉一样清纯！

因此，赠人以花，手有余香！生活中的人们，无论如何，你都不能将"善心"抛弃，这样，无论你走得多远，都不会迷失本性，你也将获得一份内心的安宁。

第 06 章

从自卑到自信,是获得和强化心理成就感的过程

自卑是一种消极的自我评价或自我意识,自卑感是个体对自己能力和品质评价偏低的一种消极情感。自我肯定是自信、勇敢的表现,是发现自我价值、激发自身潜能,改变人生轨迹的必由之路。任何人,只有敢于肯定自己、正视自己、提升自己,才有可能成为强者,才能发自内心地体会成就感带给自己的心灵能量,才能拥有强大的雄心和抱负,最终成就一番大业。

自卑，是阻挡你前行和获得成就的力量

你是一个自卑的人吗？我们先来听这样一个故事：

很久以前，有个农夫，他每天都要去山下挑水。他的两个木桶，一个是完好的，另一个破了一条缝，农夫每次从山下的河边挑水时，总是会有这样一个情况：一头是满满当当的一桶水，一头只有半桶。当然，这时候有裂缝的桶就感觉到自己无比痛苦、自卑。

有一天，有裂缝的水桶终于想跟主人一吐心中的不快："我很自卑，每次只能让您挑回来半桶水。"

农夫惊讶地说："那你有没有注意到，你那边长着茂盛且美丽的花草，而另外的一边草木不生。你为我一路上带来了许多美丽的风景啊！"

对于这个问题，生活中的人们，你是怎么看的呢？如果你

也能看到这些"美丽的花草",那么,你就不是个自卑的人。

一般情况下,人们的自我评价,往往是根据自己和他人的评价两个方面产生的,从而才能看到自己的长处和短处。然而,有的人在与他人比较的过程中,常喜欢拿自己的短处与别人的长处比,而结果往往是自惭形秽,越比较越觉得自己不如人,越比越泄气。只看到自己的不足,而忽视自己的长处,久而久之就会产生自卑感。

自卑是一种消极的自我评价。生活中,我们发现,有这样一些把自卑当成一种习惯了的人:他们不愿主动和别人来往,他们做任何事情都缺乏自信,没有竞争意识,因为无法获得成功也就缺乏成就感带来的喜悦,看事情总是看不好的那一面,对任何事都心灰意冷。他们还常常低估自己,即使他们很优秀,他们也会觉得自己很失败,而且他们容易受别人的影响,如果别人对他们的评价较低,他们就会相信别人的评价。此外,他们还喜欢拿自己的短处和别人的长处比,越比越觉得自己不如别人,越觉得灰心,自卑感越深。

而实际上,没有人是毫无缺点的,只是在我们的内心中这个缺点的份额的大小问题。如果我们将缺点无限制放大,那么,它将会腐蚀我们的心,阻碍我们成功,我们就会长久自卑;而如果我们能正视这些缺点,并将缺点限制在一定的范围内,它就会成为我们努力和奋斗的催化剂,助我们成功。

可能你也发现，在你的周围，那些自信的人，总是精神焕发、昂首挺胸、神采奕奕、信心十足地投入生活和工作当中去，自信的人不惧怕失败。他们用积极的心态面对现实生活中的不幸和挫折，用微笑面对扑面而来的冷嘲热讽，他们用实际行动维护自己的尊严。这一切都淋漓尽致地表现出自信者的气质，表现出自信者一种坦诚、坚定而执著的向上精神。

想要成为自信的人，你可以从以下几点做起。

首先，你要学会正确审视自己、肯定自己。那么，如果你是个自卑的人，你怎样才能摒除自卑，重新找回自信的自己呢？客观地认识自己，意思就是不仅要看到自己的优点，也要看到自己的缺点，并客观地做出评价。要做到这一点，除了自己对自己的评价，还要注意从周围人身上获取关于自己的信息。这些人可以是我们的父母，也可以是我们的朋友，也可以是我们的同事，只有这样，我们才能够逐步形成对自我的全面客观的认识。

其次，全面地接纳自己。接纳自己的优点，而容不下自己的缺点，是很多人容易犯的错误。一个人首先应该自我接纳，才能为他人所接纳。因此，真正的自我接纳，就是要接受所有的好的与坏的、成功的与失败的。不妄自菲薄，也不妄自尊大，不卑不亢，才能健康地发展自己，逐步走向成功。你还需要积极地完善自己的不足。这些不足，指的是某些"内在"上的，比如，学识、技能、素质等。

另外，对于别人对你的批评，你需要理性地看待。因为别人批评你是免不了的。如果你对别人的批评很在意，心理上就会很难过，愈辩就愈黑；如果你以理性的态度、开放的心态去接受，心情反而会坦然。

如何运用心理学方法克服内心自卑

奥地利心理学家阿德勒指出：对优越感的追求是所有人的通性。阿德勒认为，促使人类作出种种行为的，是人类对未来的期望，而不是其过去的经验。这种目标虽然是虚假的，它们却能使人类按照其期待，作出各种行为。个人不仅常常无法了解其目标的用意，有时甚至不知其目标何在，因此，这种目标经常是潜意识的。阿德勒把这种虚假的目标之一称为"自我的理想"，个人能借之获得优越感，并能维护自我尊严。

这里，我们可以将这种对优越感的追求称为成就感，而阻碍这一追求的心理有很多种，其中就有自卑。我们生活中的每个人，都或多或少有一些自卑情结，有的重些有的轻些。这表现为两个极端，一种是为了求得他人认同拼命表现自己展示自己，来掩盖内心的自卑；另一种是害怕不如别人所以拼命逃避，表现为完全放弃自己，否认自我能力。两种表现有其各自的语言风格，前者是：我必定能战胜对手，我一定行的，我很优秀！后者是：我不行，我不敢，我不愿意做。

1942年，在英格兰，伟大的科学巨人史蒂芬·威廉姆·霍金出生了，还不到20岁的时候，他患上了不治之症——肌肉萎缩症，整个身体能够自主活动的部位越来越少，以致最后永远地被固定在轮椅上。但这并没有阻碍他继续学习和科研，他一直以乐观的态度和坚强的毅力，一次次攀登着科学的高峰。

霍金毕业于牛津大学，毕业以后，他长期从事宇宙基本定律的研究工作。他在所从事的研究领域中，取得了令世人瞩目的成就。

在一次学术报告上，一位女记者登上讲坛，提出一个令全场听众感到十分吃惊的问题："霍金先生，您此生都将在轮椅上度过，您不觉得命运对您太不公平了吗？"

显然，这是一个揭人伤疤的问题，顿时，报告厅内鸦雀无声，所有人都注视着霍金，只见霍金头部斜靠着椅背，面带着安详的微笑，用能动的手指敲击键盘。人们从屏幕上缓慢显示出的文字，看到了这样一段震撼心灵的回答："我的手指还能活动，我的大脑还能思考；我有我终生追求的理想，我有我爱和爱我的亲人和朋友。"

说完，报告厅里响起了长时间热烈的掌声，那是从人们心底迸发出的敬意和钦佩。

科学巨人霍金向我们证明：即使你满身缺点，你还有可以引以为豪的优点，这些优点一样可以让你自信。的确，生活中，我们都会说，我们不能自卑，要建立自信。大道理谁都会说，但关键是，我们如何才能做到。

在不要自卑之前，我们首先要做到的是"要承认自卑"，坦然淡定地接受自卑情结，抗拒对摆脱自卑无济于事。除此之外，我们还需要做到以下几点。

1.运用补偿心理超越自卑

这种补偿，其实就是一种"移位"，即为克服自己生理上的缺陷或心理上的自卑，而发展自己其他方面的长处、优势，赶上或超过他人的一种心理适应机制。正是这一心理机制的作用，自卑感成了许多成功人士成功的动力，成了他们超越自我的"涡轮增压器"。

2.昂首挺胸，快步行走

许多心理学家认为，人们行走的姿势、步伐与其心理状态有一定关系。懒散的姿势、缓慢的步伐是情绪低落的表现，是对自己、对工作以及对别人不愉快感受的反映。步伐轻快敏捷，身姿昂首挺胸，会给人带来明朗的心境，会使自卑逃遁，自信滋生。

3.学会微笑

我们都知道笑能给人自信，它是医治信心不足的良药。如果你真诚地向一个人展颜微笑,他就会对你产生好感,这种好感足以使你充满自信。正如一首诗所说:"微笑是疲倦者的休息,沮丧者的白天,悲伤者的阳光,大自然的最佳营养。"总之,我们要明白,站在人生的舞台上,你真实的表演并非为了博得别人的掌声,更多的是为了得到自己心灵深处的快慰。

这些方法可以很好改善你的自卑情结。

总之,你要随时告诉自己:我是自信的,我是美丽的,我有实力,我的专业能力是最棒的!你必须有自信心,对认准的目标有大无畏的气概,怀着必胜的决心,主动积极地争取!

始终记住，你不是弱者

前面，我们提及，从竞争中获胜能给人带来成就感，然而，很多人之所以在激烈的竞争中败下阵来，很多时候并非输给别人，而是输给了自己。面对强者，他们不战而降，发自内心地感到自卑，也表现得特别软弱。正如人们常说的，长别人的志气，灭自己的威风。这种现象实际上在生活中随处可见。因此，我们任何人，要想获得成为强者带给自己的成就感，首先就要剔除内心的自卑，在心理上战胜自己，突破软弱的囚牢，只有这样我们才会越来越强大。

一个人，假如内心很强大，即便遭遇困境，也能够从内心深处中不断汲取力量。与此同时，哪怕面对再强大的对手，他们也能够坦然以对，淡定从容。而且，他们能够客观公正地认识自己，深入了解和剖析自己。即便发现自己的弱点和不足，他们也能够从容不迫，意识到每个人都是不完美的，唯有坦然接受自己的不足，积极提升和完善自己，才能更加强大。记住,你的名字不是软弱。人生不如意十之八九,任何人在人生旅途中都会遇到坎坷和挫折,唯有收起软弱,表现坚强,人生才能更加顺遂如意,成功也才能青睐我们。

有一天,天色已晚,主人牵着老迈的驴子急急忙忙往家赶。然而,在经过树林时,因为天色黑了,看不清楚,这头驴子突然掉入一口深深的枯井中。虽然主人想方设法地想要帮助驴子从枯井中出来,但却毫无效果。几小时过去了,已经到了深夜,主人无奈之下只好放弃驴子,一个人匆匆赶回家里。

次日,主人想到驴子最终会在枯井里饿死,不免觉得于心不忍。为此,他带着家里人扛着工具,准备去把驴子活埋了,减轻驴子的痛苦。看到主人回来了,枯井里的驴子很高兴,不停地扑腾着,想要爬出枯井。然而,在看到主人和其他人都在不停地往枯井里扔东西时,驴子意识到主人想要活埋它,不由得又没命地喊叫起来。渐渐地,随着扔到井底的东西越来越多,驴子也没有了动静,主人以为驴子已经死了,于是探头到井口查看下面的情况。让主人大吃一惊的是,驴子非但没有被活埋,反而不停地踩在他们扔下去的东西上,如今已经升入枯井的半高处了。主人不由得为驴子顽强的求生意识与聪明机智感动,因而赶紧召集家里人继续四处找东西,扔到井底。一个多小时过去后,枯井渐渐被填平,驴子最后踩着那些东西纵身一跃，摆脱了枯井，高高兴兴地回家了。

显而易见，故事中的驴子非常聪明，所以才会踩着原本准备用来埋葬它的杂物和泥土等，逃出枯井。挫折对于我们也是如此。假如我们被挫折彻底打倒，那么我们的人生就会前景堪忧。反之，假如我们能够踩着那些磨难不断地向上攀登，这些挫折和磨难最终会成就我们，使我们活出属于自己的精彩人生。

毋庸置疑，每个人都不喜欢充满挫折的人生，每个人都幻想着自己的人生一帆风顺。但是遗憾的是，现实是残酷的，从未有人拥有绝对顺利和平坦的人生之路，大多数人在人生路上都要经受各种坎坷挫折和磨难。我们必须承认，很多时候挫折带给我们的不仅是忧愁，也有欢欣鼓舞，也有成功的机会。面对挫折，我们必须更加积极努力，才能足够坚强，才能超越挫折，踩着挫折成长。

朋友们，当我们下次面对挫折，千万不要再逃避退缩，而要昂首挺胸、迎难而上。这样，我们的人生才能拥有成功的机会，我们也才能在不断的历练中成为人生真正的强者。

1. 不要抱怨生活艰辛

通常情况下，我们在遭遇到生活的挫折和打击之后，就会怨天尤人，抱怨老天不公平，抱怨别人对你不够好。事实上，只有弱者和懦夫才会向生活抱怨，你的抱怨只能换来别人的同情。对于一个坚强的人来说，是绝对不会轻易抱怨的，他们更多的是接受现实，然后努力去改变现实。因此，不管遇到什么样的挫折，都不要轻易去抱怨生活，让自己坚强一些。

2. 勇敢接受生活的痛苦

其实，生活对每个人都是公平的，关键在于你自己对自己是否公平。如果你对自己公平，那么就去勇敢地接受生活的痛苦和伤害，你会发现，其实生活的这些不如意，往往能让你更加自信，更加坚强。

3. 不要轻易说做不到

面对困难，一些人总认为自己做不到，当你认为自己做不到的时候，或许你就真的没有办法做到；如果你告诉自己，我一定能行，一定能做到，那么你在做的时候，或许真的就做到了。所以，不要轻易对自己说做不到，要信心百倍地说"我能做到"。这样，你会慢慢地发现，你很坚强。

正如人们常说的，没有人的一生是一帆风顺的。面对人生的坎坷挫折，我们必须鼓起勇气，知难而上，无所畏惧，才能让困难变成弹簧，在我们面前偃旗息鼓。记住，真正的强者不畏惧困难，也不会在苦难面前退缩。也许对于真正的强者而言，困难恰恰是一次历练，也是人生的试金石，帮助我们更好地验证自己，证明自己的实力和强大。朋友们，记住，人生没有绝境，只要我们的心永远张开希望的翅膀！

第06章
从自卑到自信，是获得和强化心理成就感的过程

唤醒自己，撕掉他人给你贴的负面"标签"

生活中，我们常听到这样一句流行语："说你行你就行，不行也行；说你不行就不行，行也不行。"从心理学的角度讲，这句话有一定道理。一个人的成长，除了先天因素外，种种影响因素中，社会评价和心理暗示起着非常大的作用。如果我们给他人的评价是正面的、积极的，那么，他就很有可能会成为自信、开朗、勇敢的人，这就是心理学上的"贴标签"。

在教育中，贴标签经常被运用，比如，父母总是当着孩子的面说孩子很笨，是个笨蛋，日久天长，孩子因为自身的认知能力和思维判断能力都不足，所以就会被动地接受"笨蛋"的标签，导致自己的人生之路也越来越向着标签靠拢，不知不觉间就变得听天由命、自暴自弃，破罐子破摔。为此，有很多教育学家告诫和呼吁父母千万不要随意给孩子贴标签，毕竟孩子正处于飞速成长和发展的阶段，人生还充满着可能性，根本不可能定型。而这样的标签恰恰会导致孩子们对人生失去希望，

甚至产生逆来顺受的消极思想，导致他们的思想与行为都与标签越来越符合，也越来越相似。倘若一个原本可以很优秀的孩子，就因为父母随意的贴标签行为，人生出现偏差，甚至完全脱轨，岂不是很遗憾么？

除了给孩子贴标签之外，成人在职场也经常被贴标签，也难免会产生消极、沮丧的情绪，甚至对工作再也提不起精神和兴致来。举个最简单的例子，假如一个头脑愚钝但是非常勤奋的下属在工作上犯了错误，上司就此批评他"笨""没有创造力""思维迟钝"，那么久而久之，下属的积极性、创新思维也会被扼杀，导致他在工作上止步不前。其实，上司在职场上之于下属，恰恰也像父母和老师之于孩子，会产生巨大的影响力。一旦作为上司随意给下属贴上标签，就会使下属失去自信，甚至从此变得束手束脚，人生的发展和机遇也会因此受到影响。

一个人要想取得事业的成功，必须在和谐而又自由的环境中充分发挥自身的主观能动性和创新性，勇敢打破旧我的束缚，铲除道路上的一切阻碍。正如人们要想建立一个新世界必须首先推翻和废除旧世界一样，对于个人成功而言，道理也是这样的。

一直以来，大家都说小米是一个非常优秀的老师，她那么喜欢和孩子们在一起，自己也有一颗童心，最重要的是她似乎天生就懂得如何把知识深入浅出地教授给孩子们。然而，毕业之后从教三年来，尽管小米是学生心目中的好老师，校长心目中的好教员，父母心目中的乖乖女，但是她始终都觉得自己的人生缺少了些什么。

在三年的大学同学毕业聚会上，小米与许久没有见面的大学好友娜娜见面了。原来，娜娜大学毕业后并没有回到家乡当老师，而是去了北京的一家报社，成为了一名实习记者。经过三年的历练，如今的她不但顺利转正，而且在数次采访任务中得到极大的提高和锻炼。看着谈吐不俗、睿智犀利的娜娜，小米突然间知道了自己想要的生活。她下定决心辞掉工作，尽管身边所有人的都劝她应该按部就班、安安稳稳地生活下去，但是她很清楚地知道，自己并不安于命运，而且也不想像所有人判断的那样当一辈子的老师。

就这样，小米义无反顾地背起行囊去了上海，相比干燥的北京，她觉得上海的婉约和湿润更适合她。因为缺乏工作经验，她并没有如愿以偿地直接成为一名记者，而是成为了一名编辑，每日做些与文字有关的简单工作。经过三年的历练，她才得到主编的认可和赏识，渐渐能够承担一些相对简单的采访任务。出乎主编的预料，小米对记者的工作丝毫不觉得陌生，而是轻车熟路，几次采访任务都完成得非常圆满，让人刮目相看。又过去一年多，小米理所当然成为社里的资深记者，她写的稿件质量也是最好的。如今的小米经常接受重要的采访任务，和那些伟大的人、成功的人面对面交流，感受他们的成功，也领悟他们的独特魅力。正是因为如此深度且高质量的精神交流，使得小米也进步神速，不但眼光犀利，观点也更加深刻。后来，小米应邀去另一家杂志社当了主编，从此她的人生天地变得更加开阔，也有了无限的可能。

在小米辞掉教师的工作并且打拼出新的人生天地之前，几乎所有人都觉得小米就是当老师的好材料，似乎这个世界上除了教师的职业之外，再也没有任何职业这么适合小米。然而，小米心里很清楚自己想要什么，想获得怎样的人生。为此，她义无反顾地辞掉工作，撕掉人们给她贴上的标签，重新开始缔造属于自己的人生帝国。这样的小米，勇气可嘉，也因此得到了命运的慷慨馈赠。

现代社会正处于飞速发展之中，社会上的每个人也都应该朝气蓬勃，充满激情，更应该发挥自身的潜能，为自己创造辉煌的人生。倘若被他人的标签束缚住，我们前进的脚步就会被羁绊，从而导致失去未来的无限可能。朋友们，如果你们发现自己被他人贴上了标签，一定要赶快主动撕掉标签，这样才能释放自我。当然，我们也应该注意在生活和工作中避免给他人贴上标签，否则就会无形中影响他人的人生，导致他人止步不前，这岂非罪过？积极的人生应该充满激情，更应该对于未来有着无限渴望和畅想。就让我们加足马力在人生的道路上纵横驰骋吧，相信命运一定会给予我们喜出望外的结果！

正视自己的不足，才能不断完善自己

我们每个人都知道，人无完人，每个人都有自己的缺点，即便是那些成功者也是如此。但是大部分人会将自己的缺点隐藏在暗处或者忽略它们，但成功者却能正视它们，这也是他们成功的原因。

实际上，没有人是毫无缺点的，只是在我们的内心，这个缺点的大小问题，如果我们将缺点无限制放大，那么，它将会腐蚀我们的心，阻碍我们成功，我们就会长久自卑；而如果我们能正视一些缺点，并将缺点限制在一定的范围内，它就会成为我们努力和奋斗的催化剂，助我们成功。

有一个女孩名叫兰，长相平平，在美女如云的班级里，她只是一棵不起眼的小草；她成绩平平，无法让视分数如宝的老师青睐；除了会写几首浪漫小诗给自己看外，没其他特别突出的技能，不会唱歌，也不会跳舞。兰心里很寂寞，没有男孩追，没有同学和她做朋友。

有一天清晨，她拉开门，惊讶地发现门口摆着一朵娇艳欲滴的红玫瑰，旁边还有一张小小的卡片。她迅速地将花和卡片拿到自己的房间，轻轻地打开卡片。上面有几行字，是这样写的：

其实一直以来我都想对你说一声：我喜欢你。但却没有勇气，因为你的一切让我深感自卑。你那平静如水的眼神，你优美的文笔，你高雅的气质，让我很难忘记。所以，我只能默默地看着你。——一个喜欢你的男生

兰心怦怦直跳，没想到自己还有那么多的优点，自己原来并不是一个毫不起眼的人啊。从那以后，兰开始主动和同学交谈，成绩也渐渐上升。慢慢地，老师和同学都很喜欢她。高中毕业以后，她考上了大学，凭着那份自信，她在学校尽情发挥自己的才能，赢得许多男生的追求。大学毕业后，她找了一份很满意的工作，并且找了一个深爱她的丈夫。

兰一直有一个心愿，就是找出那个给她送花的人，想感谢他让她重新找回了自信，要不是那朵花，现在或许一切都是希望和等待。有一天，无意间，她听到她爸妈的谈话。她妈说："当年你想的招儿还真有用，一朵玫瑰花就改变了她的生活。"

兰不禁愕然，怪不得那字看起来像被人故意用宋体写的，但一朵玫瑰花的作用真那么大吗？不，是自信转变了兰

的生活。

在这个故事中，正是一朵花使得兰从自卑走向了自信，也正是这种自信，使她一步步走向成功。

那么，生活中，我们怎样做才能发现、正视自己的缺点并努力变得自信呢？

1. 正确认识自己，接纳自己

一个人要对自己的品质、性格、才智等各方面有一个明确的了解，方可在生活中获得较为满意的结果。除此之外，不要讨厌自己，不要因为羞怯就容忍自己的短处。一个人不要看不到自己的价值，只看到自己的不足，认为自己什么都不如别人，处处低人一等。

2. 学会正确与人比较

拿自己的短处跟别人的长处比，只能越比越泄气，越比越自卑，比如，一些孩子因为学习不好而产生"无用心理"就是这个原因。

3. 不要强迫自己

我们首先不要有压迫自己的感觉，试着在生活中找一些自己做起来感觉舒服的事，比如偶尔的放纵。然后为自己制订一些小计划，难度不要太高，但一定要完成，完成不了，再找找原因，找一本笔记本把心理历程记下来，在迷茫的时候看看会帮助我们改善自己的自控能力。

4. 失败的时候，请原谅自己

想一想，如果你的好朋友经历了同样的挫折，你会怎样安慰他？你会说哪些鼓励的话？你会如何鼓励她继续追求自己的目标？这个视角会为你指明重新振作之路。

5. 不断学习，让自己具有硬实力

在今天，实力决定着命运。当然，在具备这点后，你就要实事求是地宣传自己的长处、才干，并适当表达自己的愿望，这样才能让别人更加了解你，也能给予你更多机会。

6. 不断挑战自己

任何一个人，在这个快节奏、高效率的时代，要想脱颖而出，要想进步，就必须要做到不断挑战自己。要知道，一个人的能力是需要不断挖掘的，只要我们能相信自己，欣赏自己，摒弃自卑，我们就能在职场、事业上不断彰显自己的能力和价值。

总之，人无完人，但这并不代表我们一无是处，因此，我们大可不必因为别人比自己优秀而妄自菲薄，做自己，才能活得出彩。

无论处于什么样的境地，我们都不要看轻自己

心理学家说，产生自卑的原因有很多，有的人喜欢用过高的标准审视自己，结果使自己永远处于达不到要求的失败中，导致自卑感的产生；有的人很在意别人对自己的评价和看法，对于别人的贬低往往产生自卑心理；有的人错误地把别人对自己的夸奖当做讥讽，他们感受信息时就带有自我否定的倾向性，他们会越发感到卑微、低下；有的人对于家庭或自己的经济收入以及地位感到不满，对于物质生活和精神生活的攀比也会使他们产生自卑的心理；有的人由于身体的缺陷不能像正常人那样生活，也会产生自卑的心理等。

处于困境中的你是否想过，难道你的人生就应该这样，你就应该如此活着吗？你来到这个世界上，与别人顶着同一片蓝天，踏着同一片土地，呼吸着同样的空气。别人靠着努力拼搏，过着优越的生活，而你却依旧在为生活奔波。为什么你不是那个成功者呢？

成功者给出了这样的答案：他们从不认为什么事情是不可能的，他们充分肯定自己的判断和能力。就如罗斯福所说：除了你自己之外，没有人能贬低你。

所以，无论处于什么样的人生境地，我们都不要看轻自己。只要发现适合的时机，就应该尽力一搏，把生活升华，闯出自己的晴空，拼搏出属于自己的七彩人生。

有一个农夫整天抱怨自己的命运不好，一辈子都是农夫，被别人看不起，他感觉自己的地位很卑微。

有一天，他弓着腰在院子里清除青草，因为天气很热，所以他脸上不停地冒汗，汗珠一滴一滴地流了下来。

"可恶的青草，假如没有这些青草，我的院子一定很漂亮，为什么要有这些讨厌的青草，来破坏我的院子呢？"农夫这样嘀咕着。

有一棵刚被拔起的小草，正躺在院子里，它回答农夫说："你说我们可恶，也许你从来就没有想到过，我们也是很有用的。现在，请你听我说一句吧，我们把根伸进土中，等于是在耕耘泥土，当你把我们拔掉时，泥土就已经是耕过的了。

"下雨时，我们防止泥土被雨水冲掉；在干涸的时候，我们能阻止强风刮起沙土。我们是替你守卫院子的卫兵，如果没有我们，你根本就不可能享受赏花的乐趣，因为雨水会冲走泥土，狂风会刮走种花的泥土……你在看到花儿盛开之时，能不能记起我们青草的好处呢？"

一棵小草并没有因为自己的渺小而自卑，这使农夫对小草不禁肃然起敬。

很多时候，你怎样看待自己，决定了别人怎样对待你。如果你是一棵自卑的小草，那么你在别人心底就已变得非常渺小；如果你肯定自己存在的重要价值，告诉自己我很重要，你在别人的眼里也会变得高大。

不得不说，在充满机遇的社会中，人与人虽然出生的背景不同，后天的机遇、才学等也存在差异，但掌控命运的权利都在自己的手中。贫穷与富有、非凡和平庸，也都是自己选择后的结果。

一位父亲带着儿子去参观梵·高故居，在看过那张小木床及裂了口的皮鞋之后，儿子问父亲："梵·高不是位百万富翁吗？"父亲回答："梵·高是位连妻子都没娶上的穷人。"第二年，这位父亲带儿子去丹麦，在安徒生的故居前，儿子又困惑地问："爸爸，安徒生不是生活在皇宫里吗？"父亲回答："安徒生是位鞋匠的儿子，他就生活在这栋阁楼里。"

这位父亲是一个水手，他每年往来于大西洋的各个港口，他的儿子叫伊尔·布拉格，是美国历史上第一位获普利策奖的黑人记者。20年后，伊尔在回忆童年时说："那时我们家很穷，父母都靠出苦力为生。有很长一段时间，我一直认为像我们这样地位卑微的黑人是不可能有什么出息的，好在父亲让我认识了梵·高和安徒生。这两个人告诉我，上帝没有轻看卑微。"

即使你出身卑微、家境贫穷，也不会妨碍你取得超乎常人的成就。只要你坦然面对自己的身份，心中始终坚持自己高远的目标并努力走下去，一定能使自己的人生充满精彩。

自我肯定是自信、勇者的表现，是发现自我价值、激发自身潜能、改变人生轨迹的必由之路。只有敢于肯定自己、正视自己、提升自己的人，才有可能成为强者，才能拥有强大的野心和抱负，推动自己成就一番大业。

总之，我们要明白，一个人的出身是无法选择的，但我们应该明白看低自己、缺乏信心是前进路上的绊脚石，唯有肯定自己，奋发努力，才能改变命运。

心理学 与 成就感

尽力足矣，苛责自己无法体验成就感

生活中，相信很多人都被告诫过，做人做事都要认真、努力，这会使你更加完美，不断进步。我们鼓励认真的态度，是为了让自己的人生变得幸福和充实。然而，生活中却有一些人，他们对自己太过苛刻，无论做什么事，都要求自己做到百分之百，不允许犯一点小错，只要有一点小事没做好就产生挫败感。这样的人很难体验什么叫成就感，也很容易产生自卑。实际上，有缺憾的人生才是真实的，我们固然要有追求完美的态度，但凡事努力就好，无须尽善尽美。

在我们工作或生活的周围，有这样一些人，他们对自己定位过高，在他们看来，没将事情做得完美，还不如不做。他们从不允许自己失败，一旦自己某次工作没做到位，他们便茶不思饭不想、神情恍惚，其实这都是苛求自己的表现。他们通常比那些执行力强的人少了些灵活性，他们一旦被坏情绪缠绕，便失去工作动力，也就变得做事拖拉。

并且，这类人高高在上、看似完美，但却没什么朋友。人们不愿意与之交往，就是因为他们用完美给自己树立了一个高大形象，反而让人们敬而远之。因此，你可以明白的一点是，拒绝完美，凡事不要逼自己，允许自己做不到一百分，你会发现，你会活得轻松。

可以说，一个人对自己有高标准的要求是有益处的，它能使我们在正确的轨道上行走。然而，凡事都有度，过度就会适得其反。对自己要求太高，很容易让一个人对自己过分苛刻，并陷入极端状态。比如，当他犯了一点错误时，他便会悔恨不已，甚至会妄自菲薄，贬低自己。那些自控力太强的人会时刻反思自己的行为是否得当，他们会比那些凡事淡定的人活得更累。

人们常说，什么事情都有个度，追求完美超过了这个度，心里就有可能系上解不开的疙瘩。我们常说的心理疾病，往往就是这样不知不觉出现的。对待自己的错误不依不饶的人，总是不想让人看到他们有任何瑕疵，给人的感觉是过分宽容，看似开朗热情，其实活得很累。

36岁的宋女士可以说是典型的女强人，她在一家贸易公司担任主管，每天忙得焦头烂额，就如她说的："连恋爱和结婚的时间都没有。"

宋女士所在的这家公司虽然规模不大，但是事情却很多，而宋女士又是个喜欢事必躬亲的人，公司上下，大到公司的业务订单，小到快递的电话都要接，然而，即便如此，她还总是觉得自己做得不到位。

一次，公司的一名外国客户前来商讨业务事宜，宋女士原本让公司小王去陪客户吃顿晚饭，但想想还是自己亲自去，谁知宋女士完全不会喝酒，经不住客户的几句劝酒就醉了，然后说了些抱怨工作累、薪水低的话。

第二天清醒后，宋女士懊恼不已，认为这样不仅有损于公司的形象，也可能会传到经理的耳朵里，因为当时小王也在场。为这事，她接连几天茶不思饭不想、一天到晚迷迷糊糊，工作状态很糟糕。

这天下班，宋女士在电梯居然遇到了小王，窘迫难堪的她还是问候了下属："累吧，回家多休息。"

"没有主管累，那天多亏你，不然我肯定连家都回不了了。"

"那天你也喝醉了吗？"宋女士问。

"是啊……"

宋女士这才明白，原来她所担心的事根本不存在。

案例中的宋女士就是个苛求自己的人，因为担心自己酒后失言可能给自己带来的后果总是烦躁不安、影响了工作。而事实证明，她的担心是多余的。

完美主义者做事谨小慎微，对自己和他人要求都十分严格，总是认为事情做得不到位。他们太过专注于小事而忽视全局，这主要是因为他们对自己要求过于严格，同时又有些墨守成规。通常情况下，他们过于认真、拘谨，缺少灵活性，比其他人活得更累，更缺乏一种随遇而安的心态。

因此，我们每个人都要记住，再美的钻石也有瑕疵，再纯的黄金也有不足，世间的万物没有纯而又纯和完美无瑕的，人也不例外。我们每个人都不可能一尘不染，在道德上、在言行上都不可能没有一点错误和不当。人总是趋于完美而永远达不到完美。因此，你不必对自己和别的人提出过高的、不切实际的要求。

第07章

唯有不断剥落自身弱点，才能感受蜕变的喜悦

我们都知道，人无完人，我们每个人都有自己的缺点，比如做事拖拉、骄傲自大、盲目冲动、依赖性强、贪婪等，很明显，这都是我们成长和实现自身价值的阻碍。因此，我们必须从现在开始，不断剥落这些缺点，才能实现优秀，并为未来获得成就做足准备。最重要的是，在蜕变的过程中，我们也能体验成就感，让内心更愉悦。

第07章
唯有不断剥落自身弱点，才能感受蜕变的喜悦

战胜自己，就战胜了全世界

有这样一句话：人生最大的敌人是自己。的确，人要想超越他人，要想成功，就必须先超越自己。当人们面对挫折和困难时，往往容易被自己的认识不足、内心胆怯打败，从而功亏一篑，败给自己。金无足赤，人无完人，人最大的敌人是自己。只有能够战胜自我的人，才是真正的强者。

罗曼·罗兰曾说："最强的对手，不一定是别人，而可能是我们自己；在征服世界之前，先得战胜自己。"在生活中，有些人成就不大，不在于智力不够，而在于没有克服自己心理上的弱点和谬见。只有不断向自己挑战，认真对待自己的心理障碍，才能取得更大的成功。事实上，古往今来，凡是成功人士，他们往往具有一个共性特质：善于自律，以达到某种目标。如德国音乐家巴赫在童年时期为了去汉堡听一位管风琴大师的演奏，曾多次步行走90多公里。他之所以能坚持这么长的时间，第一是因为他热爱音乐，第二就是他具有超强的自控

力。越王勾践卧薪尝胆的故事早已家喻户晓，他能够一雪前耻灭掉吴国，除了他心中强烈的复仇意愿之外还有他令人钦佩的自控力。

生活中，一些人之所以做了不该做的事，就是因为自制力不够，抵挡不住诱惑。可见，我们每一个人，都应该认识到自控心理对于人生发展的重要性。

自从大学毕业后，张强就非常努力。他找到一份自己喜欢的工作，每天早早地去单位，晚上下班之后，其他同事都走了，他依然留在单位加班。然而，这种工作的状态很快就被破坏了，原来张强突然迷上了网络游戏。他不但下班的时候玩游戏，即便是在工作的间隙里，也总是偷偷摸摸地玩游戏。他甚至把每个月的大部分薪水都用来购买游戏装备，总而言之，他对游戏已经陷入痴迷。有段时间，张强所在的公司安装了新的管理软件，管理者从管理软件上，就可以了解每个员工正在利用网络做什么事情。不过，大家都不知情，在连续三天都观察到张强沉迷于游戏之后，张强的上司提醒张强，不要在上班时间做与工作不相干的事情。张强以为上司只是普通的提醒，因而毫不收敛。

一个星期之后，张强收到了公司的辞退通知，他莫名其妙地失去了工作。为此，他办理离职手续前询问上司自己被辞退的原因，上司向他展示了他半个月来的工作状态记录，张强哑口无言。的确，作为公司的员工，却利用工作时间玩游戏，这是任何一个老板都无法容忍的。张强失去了喜爱的工作，懊悔不已。他下定决心戒掉网瘾，从此之后再也不玩游戏，而是全心全意地投入工作。果不其然，他在新公司表现很好，很快就因为工作业绩好得到了提升。

在这个事例中，张强认识自己的过程是痛苦的，甚至失去了心爱的工作，才幡然醒悟。现代社会，各种各样的瘾很多，张强在陷入游戏之瘾时，丝毫没有意识到自己已经玩物丧志。幸好，公司的管理者及时为他敲响警钟，才使他意识到问题的严重性，从而积极改变自己的状态。毋庸置疑，每个人都有各种各样的缺点，一个人从稚嫩到成熟，从有很多缺点，到渐渐变得完美，都要经历独特的过程。当然，自我成长说起来很容易，做起来却很难。我们必须时刻保持自我反省的精神，更加深入地了解和剖析自己，才能不断成长。

那么，我们该如何做到战胜自己、做到自我控制呢？

1. 结果比较法

你可以借鉴那些自制力强的成功者的思维方式，比如，你可以先静心，然后多分析分析事情的前因后果：如果多花些时间在学习和工作上，会取得什么样的结果；而如果把时间浪费在吃喝玩乐上，又会怎样？进行前后的对比，你就能明白什么会带来真正的快乐，什么是长久的痛苦了。比较之下，你就能看到事情的不同面和不同结果，自然也就知道现下的自己该做什么了。

2. 强者刺激法

这种方法，需要你首先选定几个在你看来是成功的人，你可以选择一些著名的科学家、企业家，也可以选择你身边那些为你敬佩的人，你可以了解和学习一下他们是怎么勤奋工作和学习的。有了这些行为样本，你就会自觉想到那些人正在干什么，你也就可以自觉取舍自己的行为了。

3. 行为惯性法

比如你可以给自己固定一个时间，规定在这个固定的时间内，只能做哪些事情。例如每天晚上十一点（睡觉前），喝一杯牛奶，这是很容易做到的，你的头脑会渐渐地变得愿意执行这个任务。在习惯形成之后，你再逐步加入一些难度大的任务。在一切形成习惯之后，自制力也就随之形成了。

总之，失去控制的人生最终会使你失败。唯有自制的人，才能抵制诱惑，有效地控制自身，把握好自我发展的主动权，驾驭自我。一个人除非能够控制自我，否则他将无法成功。

如何锻炼自己的意志力

对于生活中的人来说，困难和挫折是最好的学校，在这所学校里，我们能历经磨练、提升情商，"艰难困苦，玉汝以成"。没有尝过饥与渴的滋味，就永远体会不到食物和水的甜美，不懂得生活到底是什么滋味；没有经历过困难和挫折，就品味不到成功的喜悦；没有经历过苦难，就永远感受不到什么叫幸福。为此，我们应该明白一个道理，意志薄弱者，最终会与成功无缘。每个人都渴望人生的道路上充满笑脸和鲜花，但生活是无情的，每个人的人生路上都会有各种各样的苦难，畏惧苦难的人将永远无法感受到幸福，也体验不到什么是成就感。

因此，在日常生活中注意培养自己的坚强意志，提高耐挫力，是极为必要的。

杰克·韦尔奇在全球享有盛名，他被誉为"全球第一

CEO""最受尊敬的CEO""美国当代最成功、最伟大的企业家"。

每个人的成长过程中总有一些回忆,韦尔奇也有,他曾经这样回忆自己的一段经历:"我是个自信的人,但我也有缺乏自信的时候,我记得那是1953年的秋天,那是我上马萨诸塞大学的第一周,我很想家,我想母亲,我住不惯。我的母亲是个很爱孩子的女人,如从家要开车三小时才能到我的学校,但她经常不辞劳苦来看我,给我打气。"

面对沮丧的儿子,母亲说:"你看看你周围的这些同学,他们也是离家很远,但他们却没有你这么想家,你要努力,表现得要比他们还出色。"尽管韦尔奇当时并不是很出色。

母亲的这番话确实对韦尔奇产生作用了,不到一个星期,韦尔奇就振作了,他信心十足地融入周围同学中,并且,在第一学期的期末考试中,他的成绩还不错。

对于韦尔奇来说,他的母亲的这番话是有力的,因此,他受到了极大的鼓舞。

从韦尔奇的经历中,我们应该有所启发:人生没有过不去的坎,跌倒了再爬起来,重新整理好自己,勇敢地去迎接挑战,就能赢得属于自己的辉煌。

成功是来之不易的,成功需要坚韧的品格。在生活中,经历一些失败，有利于我们逐渐增强心理承受能力，提升自己的情商，这样，面对人生路上的种种不如意或者失败，也就不会一蹶不振。

德国诗人歌德在他的不朽名著《浮士德》中说："凡是自强不息者，终能得救！"对于自强不息、奋发向上者来说，任何困难都不是障碍，只要信心不垮，仍能做出令自己吃惊的成绩。

生活中的人们，我们都要敞开胸怀接纳社会赋予自己的一切。人生旅途上，可能沼泽遍布，荆棘丛生。也许会山重水复，也许会步履艰难，也许我们需要在黑暗中摸索很长时间，才能找寻到光明……但这些都算不了什么，一个人只要有刚毅的心，能把握自己该干什么，那么就应该勇敢地去敲那一扇扇机会之门。逆境和困难对于你来说，也是一笔成长的财富，你要用自己的全部努力，化悲伤为力量，从过去的失败中汲取智慧和勇气，然后用这些力量、智慧和勇气去开拓属于自己的生活和事业，掌握自己的命运！

为此，我们可以从以下几个方面训练自己的意志力。

1. 认识挫折的必然性

挫折总是难免的，人生活在社会上，由于自然因素和社会因素，生活中不可能全是掌声和鲜花，成功和荣誉，更多的是泪水和挫折，比如天灾、人祸、疾病、朋友的背信弃义、理想的突然破灭、地震火山爆发等。只有树立正确的挫折观，才能增强自己的抗挫折能力。

2. 困难是磨砺人的意志、使你的心越发坚强的一笔宝贵的财富

经历苦难是一种痛苦，因为苦难常常使人走投无路、寸步难行，苦难常常会使人失去生活的乐趣甚至生存的希望。但有过苦难体验的人，都不会忘记在生活泥潭里奋力挣扎的情景。当你战胜苦难之后，这由苦难带来的痛苦往往也会变为千金难买的人生财富。

3. 胜利只属于坚持到最后的人

拥有坚韧和耐心，坚定必胜的信念，勇敢地与困难拼搏，就一定能有所成就。胜利只属于坚持到最后的人。成功的人之所以能够成功，是由于他们坚忍不拔的毅力，更重要的是能够把失败化作无形的动力，从而最终反败为胜。

总之，强者的成功是因为他敢于接受任何挑战，自强不息，正是这种自我肯定给他带来了源源不断的动力，让他最终实现自己的价值。任何一个人，即使身处逆境，只要敢于挑战生活，勇于突破界限，逆境就会变成推动你前进的动力。

目空一切者，失去了成长的空间

俗话说"金无足赤，人无完人"，无论是谁，都有优点、长处，也都有缺点、短处，只有虚心向别人学习，做到取人之长补己之短，我们才会有进步。古有"三人行必有我师焉"的名言，尽管不是所有人都能做老师，但每个人身上都有值得学习的地方，因此我们应该谦虚地向他人学习。生活中，有这样一些人，在他们的眼里谁都不如自己，他们目空一切。也许他们是有很多过人之处，但任何人都不是全才，如果停止了学习的脚步，就会故步自封，止步不前，甚至被社会淘汰。而只有取人之长补己之短，才能做到不断完善自己，少走很多人生的弯路。

生活中的你，现在可能会觉得自己在某个方面比其他人强，但你更应该将自己的注意力放在他人的强项上，只有这样，你才能看到自己的肤浅和无知。谦虚会让你看到自己的短处，这种压力会促使你在事业中不断进步。实际上，历史上有许多杰出的人士都非常注重向别人学习。

洪堡是德国著名的探险家、自然科学家,是近代气候学、自然地理学、植物地理学和地球物理学的创始人之一,他在生物学和地质学上也有很深的造诣,在科学界享有极高的声誉,被当时的人们尊称为"现代科学之父"。

尽管如此,洪堡却是一个十分谦逊的人。他尊重别人,从不自满,直到晚年还刻苦学习。

在柏林大学的一间教室里,每当著名的博克教授讲授希腊文学和考古学的时候,课堂里总是挤满了学生。在这些青年学生中间,人们常常会看到一位身材不高、穿着棕色长袍的老人。这位白发苍苍的老人也像别的学生一样,全神贯注地听课,认真地做着笔记。晚上,在里特教授讲授自然地理学的课堂里,也经常出现这位老者的身影。有一次,里特教授在讲一个重要地理问题时,引用了洪堡的话作为权威性的依据。这时,大家都把敬佩的目光投向这位老人。只见他站起身来,向大家微微鞠了一躬,又伏身课桌,继续写他的笔记。原来,这位老人就是洪堡。

洪堡曾说过:"伟大只不过是谦逊的别名。"他正是这样一位谦逊的伟人。越是有成就的人,越是深知谦虚学习的重要性,"梅须逊雪三分白,雪却输梅一段香"。一个人要想有长进,不仅需要谦逊,而且要有雅量,要放下架子,不耻相师。伟人尚且能做到如此,那么,平庸的我们呢?是否也应该反省一下,找出自己的不足,然后通过学习加以弥补呢?

前世界首富也就是美国华顿公司的总裁山姆·沃尔顿,创立了沃尔玛企业,资产已经超过了250亿美金。山姆·沃尔顿以前就会不断地去考察竞争对手的店面,不断地想办法找出别人到底哪里做得比自己好。回去之后就自己,以及问自己的员工:我们要如何做得比竞争对手更好?我们到底有哪些服务不周的地方需要改善?

每一个人都必须非常了解自己的优点和缺点,同时不断地改正自己的缺点,这样成功的概率就会更大。

一个人的知识和本领总是非常有限的,所以,应该谦虚一些,多向别人学习。不自夸的人会赢得成功,不自负的人会不断进步。而我们不缺乏学习精神,而是缺少发现精神,这取决于我们用什么眼光、从什么角度去看待每个人。

那么,我们该怎样有效地向他人学习呢?这要求你做到以下几点。

1. 树立正确的观念

有正确的观点才能学得自觉,学得长久,提高能力素质。实践告诉我们,善借外智,才能思路开阔;善借外力,才能攀上高峰，一个国家和民族才能兴旺发达。否则，结果只有一个：停滞不前。

2. 保持谦虚谨慎的态度

"三人行，必有我师"，要善于取人之长，补己之短。不懂、不会，要不耻下问，切忌不懂装懂，掩耳盗铃，自欺欺人；待人接物要礼让谦恭，用谦虚的态度博得他人的认可，在与人交往中不断提升自己的水平。

3. 要有持之以恒的精神

三天打鱼两天晒网、见异思迁的学习是不能达到令人满意的效果的。向他人学习，必须从不自满开始，无论取得多好的成绩，都不能停止。

4. 学贵在用

向他人学习，归根到底是为了提高自己。学习他人的经验，学习他人的智慧，学习他人的教训，学习他人一切可以借鉴的东西。

随着社会的不断发展，人人都在不断向前迈进。年轻人就要谦虚，学无止境，只有放下"架子"，丢掉"面子"，虚心地向他人请教，见先进就学，见好经验就学，才能不断提高，不断进步，实现自己的人生理想与追求。

第07章
唯有不断剥落自身弱点,才能感受蜕变的喜悦

立即行动,决不能拖延到明天

人的一生,短短几十载,生命是有限的。如果我们浪费时间,工作和生活总是被那些琐碎的、毫无意义的事情占据,我们就没有精力去做真正重要的事情了。世界上有很多人埋头苦干,却成就一般,如果他们充分利用了自己的时间和精力,绝对可以做出更有价值的事情来。人生路途刚刚起步的青少年,同样要记住这一点,无论是在工作还是在生活中,无论是大事还是小事,凡是应该立即去做的事情,就应该立即行动,决不能拖延,要尽全力日事日清。

"明日复明日,明日何其多,我生待明日,万事成蹉跎。"我们的一生中,确实有很多个明天,但如果把什么都放在明天做,那明天呢?明天的明天呢?有句话说得好,"我们活在当下",明天属于未来,我们只有把握好现在,才能决定明天的生活。

同时,拖延是可怕的,会摧毁人的意志。如果你长期生活

在自己编织的"拖延梦"中,你的一生将会是失败的。因为在长期的"醉生梦死"中,你将会失去一个成功者应有的心态。

美国康奈尔大学做过一个有名的实验。经过精心策划安排,他们把一只青蛙突然丢进煮沸的油锅里,这只反应灵敏的青蛙在千钧一发的生死关头,用尽全力跃出了滚滚油锅,跳到地上安然逃生。

隔了半小时,他们使用一个同样大小的铁锅,这一回在锅里放满冷水,然后把那只死里逃生的青蛙放在锅里。这只青蛙在水里不时地来回游动。接着,实验人员在锅底下用炭火慢慢加热。

青蛙不知究竟,仍然在微温的水中享受"温暖",等它开始意识到锅中的水温已经使它熬受不住,必须奋力跳出才能活命时,一切为时已晚。它欲试乏力,全身瘫痪,呆呆地躺在水里,最终葬身在铁锅里面。

以上例子,或许你听过,虽然它所谈的并不是拖延,但是揭示了拖延是如何起作用的及最终的结果——它会像癌细胞一样逐步扩散,直至吞噬整个生命。你每次拖延所产生的负面能量会一点一滴地积累起来,最后,它会以水滴石穿般的威力严重影响你的自信、自尊、自爱,最终使你彻底崩溃。

几乎每个人都清楚地知道，拖延是不好的习惯，可是，你是否真正思考过，多年来拖延给你带来了多大的损失吗？我想请你现在思考以下问题：

在过去的5年里，你因为拖延付出了哪些代价？如果用金钱衡量，是多少呢？

现在，你因为拖延付出了哪些代价？如果用金钱衡量，是多少呢？

如果继续像以前一样拖延，在未来5年中，你会付出哪些代价？如果用金钱衡量，是多少呢？

任何事，今日不清，必然积累。就比如一根稻草，千万别看它只是不起眼的一根，但当一根根稻草堆成了山，再强壮的骆驼也会被压死。

实际上，拖延并非人的本性，它是一种恶习，一种可以得到改善的坏习惯。这个坏习惯，并不能使问题消失或者使解决问题变得容易起来，而只会制造问题，给工作造成严重的危害。成功者从不拖延，而他们中的大多数人只是发挥了本身潜在能力的极少部分，因为他们对工作的态度是立即执行，所以把握了成功。那么，为什么我们还要逃避现实，还要忍受拖延造成的痛苦呢？

所以，请现在开始用"立即执行"的好习惯取代"拖延"，我们同样可以拥有成功。马上行动可以应用在人生的每一阶段，帮助你做自己应该做却不想做的事情。对不愉快的工作不再拖延，抓住稍纵即逝的宝贵时机，实现梦想。

但很显然，要能马上行动，就要克服一种许多人常有的拖延习惯。拖延是一种习惯，行动也是一种习惯，不好的习惯要用好的习惯来代替。那么，你若想鼓励自己今日事今日毕，可以采取以下方式。

1. 快乐—痛苦比较法

仔细思考一下，拖延的事情迟早要做，为什么要推后再做？立即做完以后可以休息，而现在休息，也许之后要付出更大的代价。想一想，在日常生活当中，有哪些事情是你最喜欢拖延的？现在就下定决心，将它改善。从最简单的事情开始，当你可以激发自己的行动力的时候，你会非常有冲劲，会非常想去完成一件事情。

2. 在最佳精神状态下工作，达到最高的效率

热爱你的工作并充满激情，你的内心同时也会变化，你会越发有信心。对你的工作充满热情，每天精神饱满地去迎接工作，以最佳的精神状态去发挥自己的才能，就能充分发掘自己的潜能，做到日事日清。

如何锻造果断的行事作风

生活中,我们经常要面临两难的抉择,尤其是在现在这个信息多而乱的社会中,做出正确的抉择更不是一件易事,这就需要我们有出色的判断能力,需要我们用最快的时间来做出决定,也就是果断。但实际上,很多时候,人们为了求稳,总是左右迟疑,权衡各个方面的因素,结果是当断不断,为自己带来很多困扰。生活中的人们,你要明白,具备果断的行事作风,是成功者必备的品质。

你也应记住这句话:不要轻举妄动而自乱阵脚、要冷静地判断、抓住最佳的反应时机。的确,在两难的抉择中,能否抓住机遇取决于我们是否足够果断。假如面对选择时犹豫不决,无法果断地做出决定,将会一事无成,甚至有可能还会埋下祸根,为自己带来一连串的失败。

法国哲学家布里丹养了一头小毛驴,他每天向附近的农民买一堆草料来喂。这天，送草的农民出于对哲学家的景仰，多送了一堆草料，放在旁边。这下子，毛驴站在两堆数量、质量和与它的距离完全相等的干草之间，可是为难坏了。它虽然享有充分的选择自由，但由于两堆干草价值相等，客观上无法分辨优劣。于是它左看看，右瞅瞅，始终也无法分清究竟选择哪一堆好。于是，这头可怜的毛驴就这样站在原地，一会儿考虑数量，一会儿考虑质量，一会儿分析颜色，一会儿分析新鲜度，犹犹豫豫，来来回回，在无所适从中活活地饿死了。

小毛驴在充足的两堆草料面前，却落得个饿死的下场，真是令人匪夷所思。可见，迟疑不定不仅对人们做出正确的行为无丝毫的帮助，还会让人们延误时机，甚至酿成苦果。而实际上，除了动物以外，人类似乎也在重复这个幼稚的错误。

有个农民的妻子和孩子同时被洪水冲走，农民从洪水中救起了妻子，孩子不幸被淹死了。对此，人们议论纷纷。有的说农民先救妻子做得对，因为妻子不能死而复生，孩子却可以再生一个；有的却说农民做得不对，应该先救孩子，因为孩子死了无法复活，妻子却可以再娶一个。一位记者听了这个故事，也感到疑惑不解，便去问那个农民，希望能找到一个满意的答案。想不到农民告诉他："我当时什么也没有想到，洪水袭来

第07章
唯有不断剥落自身弱点，才能感受蜕变的喜悦

时妻子就在身边，便先抓起妻子往边上游，等返回再救孩子时，想不到孩子已被洪水冲走了。"

的确，有时候，当需要我们做决定的时候，当断不断，必受其乱。为人行事，必须坚决果敢，当机立断，一旦决定下来就应该马上去做，如果前怕狼，后怕虎，只会白白丧失很多机会，考虑太多只会造成"竹篮打水一场空"的后果。你也应记住这个道理：只要是自己认定的事情，绝不可优柔寡断。犹豫不决固然可以免去一些做错事的机会，但也失去了成功的机遇。

同样，这个道理也可以运用到如何抓住机遇上，在你决定某一件事情之前，你应该运用全部的常识和理智慎重地思考。如果发现好的机会，就必须抓紧时间，马上采取行动，才不至于贻误时机。如果犹豫、观望而不敢决定，机会就会悄然流逝，后悔莫及。

在两难的抉择中，敢于决断是一个人成功的关键。在犹豫不决中丢失的机会比真正错过的还多。只有敢于决断，敢于行动，才能够成功。无论做什么，都要把握适当的分寸和尺度，所谓"该出手时就出手"。一旦错过了最好的时机，你可能会一无所得。

因此，如果你想改掉犹豫的毛病，养成果断决策的习惯，

就要从今天开始，永远不要等到明天，强迫自己去练习，切勿犹豫。

那么，你该怎样培养自己行事果断的作风呢？

1. 多做了解，理智地思考

在你决定某一件事情之前，你应该对各方面的情况有所了解，你应该运用全部的常识和理智慎重地思考，给自己充分的时间去想问题。一旦做好了心理准备，就要果断决定，一经决定，就不要轻易反悔。

2. 以自信引导自己做决定

如果发现好的机会，你就必须抓紧时间，马上采取行动，才不至于贻误时机。不要对一个问题不停地思考，一会儿想到这一方面，一会儿又想到那一方面。你该把你的决定，作为最后不变的决定。这种迅速决断的习惯养成以后，你便能产生一种相信自己的自信。如果犹豫、观望，而不敢决定，机会就会悄然流逝，让你后悔莫及。

3. 见机行事，学会果断应变

当好机会出现时，要敢于抓住时机，扭转航向。当坏的消息传到时，要敢于甩手抛弃。能在职场成功的人，就是在面临决策抉择时，能够沉着、客观、冷静地分析各种情况并能够果断决策的人。

4.学会在做决定时抛开僵化的是非观念

你最好认识到，果断决策者难免会发生错误，但是，这无疑比那些犹豫者做事迅速，犹豫者根本不敢开始工作。而且，就你由此得到的自信和经验来说，要比决策失败的代价大得多。不做决定，你就会失去向失败挑战的勇气和决心。

自我约束,克服冲动与懈怠

金无足赤,人无完人。正如一位哲人说的:"没有不带刺的鱼,同样也没有不带缺点的人。"每个人都有自己的缺陷和不良的情绪。但是,我们必须充分认识自己,承认自己的缺点,并下决心改正它,战胜它。那么,你就是成功的。也有人曾经说:"你今天站在哪里并不重要,但是你下一步迈向哪里却很重要。"因为任何成功的人生,都需要正确的规划。但无论任何规划,在实施的时候,都需要做到对自己有所约束,克制一些自身缺点,比如冲动与懈怠。因为这两点都是阻碍成功的绊脚石。生活中的人们,如果你也想登上成功者的宝座,就需要从现在起,做到自我约束,克服冲动与懈怠这两种消极状态。

从某种意义上说,冲动与懈怠是两个相对的极端状态,前者容易使人做出错误的举动而影响成功的步伐;而懈怠,也是成功的大敌,一个懈怠的人的生活、工作节奏总是比别人慢,

第07章
唯有不断剥落自身弱点，才能感受蜕变的喜悦

成功往往与这类人无缘。因此，如果你渴望成功，渴望体验成就感，你就需要做到理智地勤奋，才能有计划地成功。

日本有个汽车推销员，名叫椎名保文。他在丰田汽车公司的一个分公司里工作，在不到13年时间里，他就销售了4000辆汽车。如果把13年按月数计算，他每个月平均销售汽车25.6辆。除了星期天和节假日，每个月的实际工作日只有25天。那么，椎名是以一天一辆的速度推销汽车的，而他的顾客还都是个人消费者，没有一个大批购买的客户。他的速度真是惊人。一般汽车推销员平均每月推销4~5辆汽车，椎名一个人的推销量是别人的5~6倍。一般而言，一个汽车销售公司经营的一个营业所平均有7~8个推销员，一个月大约推销30辆汽车，而椎名一个人的推销量相当于一个营业所的推销量。

椎名为什么能够推销那么多的汽车呢？一句话，勤奋产生效率。据说，他的鞋因为走路太多，总是在很短时间内，就不能再穿。

另外，可能有些人认为自己天资聪颖，不需要勤奋，而正是这种思想断送了不少人的大好前程。

天才的拉斐尔去世时才38岁，留下了287幅绘画作品、500

多张素描，每一幅都价值连城；达芬奇是个乐观开朗、干劲十足又热情洋溢的人。每天天刚破晓就开始工作，直到工作室伸手不见五指，他才离开画布去吃饭休息……这些被世人称为天才的人，如果只是等着发挥天分，那可能早就被人遗忘了。他们的勤奋不懈才是被世人赞叹的最根本的原因。

只争朝夕，永不止步。要想获得人生的成功，你就必须保持百倍的警惕，就需要摒弃冲动与懈怠，从现在起，理智地成功、有计划地成功！

参考文献

[1] 李品良. 成就感[M]. 北京：北京时代出版社，2015.

[2] 本田健. 思考成就人生[M]. 曹莺，译.北京：中国青年出版社，2019.

[3] 施密特，罗森伯，伊格尔. 成就[M]. 赵灿，译.北京：中信出版集团股份有限公司，2020.

[4] 庞金玲. 成就感[M]. 北京：中国纺织出版社，2019.